100
MANEIRAS
DE VENCER

Nigel Cumberland

100
MANEIRAS
DE VENCER

Tradução
Marcia Blasques

Copyright © 2025 Nigel Cumberland
Título original: 100 ways to win
Publicado originalmente em inglês por John Murray Business
Tradução para Língua Portuguesa © 2025 Marcia Blasques
Todos os direitos reservados à Astral Cultural e protegidos pela Lei 9.610, de 19.2.1998. É proibida a reprodução total ou parcial sem a expressa anuência da editora.
Este livro foi revisado segundo o Novo Acordo Ortográfico da Língua Portuguesa.

Editora Natália Ortega
Editora de arte Tâmizi Ribeiro
Coordenação editorial Brendha Rodrigues
Produção editorial Manu Lima e Thais Taldivo
Preparação César Carvalho
Revisão Carlos César da Silva e Wélida Muniz
Capa Aline Santos
Foto do autor Arquivo pessoal

Dados Internacionais de Catalogação na Publicação (CIP)
Angélica Ilacqua CRB-8/7057

C975m
    Cumberland, Nigel
    100 maneiras de vencer / Nigel Cumberland ; tradução de Marcia Blasques. --São Paulo, SP : Astral Cultural, 2025.
    224 p.

    ISBN 978-65-5566-610-6
    Título original: 100 Ways to win

    1. Desenvolvimento pessoal 2. Sucesso I. Título II. Blasques, Marcia

25-0079   CDD 158.1

Índices para catálogo sistemático:
1. Autoajuda

BAURU
Joaquim Anacleto
Bueno, 1-42
Jardim Contorno
CEP 17047-281
Telefone: (14) 3879-3877

SÃO PAULO
Rua Augusta, 101
Sala 1812, 18º andar
Consolação
CEP 01305-000
Telefone: (11) 3048-2900

E-mail: contato@astralcultural.com.br

Este livro é dedicado ao meu filho, Zeb, à minha enteada, Yasmine, e a todos aqueles que desejam viver a vida ao máximo. "Abra os olhos para a maravilha da vida."

SUMÁRIO

1. Seja único 15
2. Audite seus hábitos..17
3. Use suas emoções a seu favor...................................20
4. Faça sacrifícios 22
5. Seja gentil com você..24
6. Mantenha-se positivo..26
7. Use sua voz..28
8. Não fique parado 30
9. Seja um ambivertido...32
10. Foque no presente 34
11. Não guarde mágoas...36
12. Afaste-se quando necessário....................................38
13. Não faça nada. Pode ser bom para você!..................40
14. Tenha cuidado ao se abrir..42
15. Ouça sua intuição 44
16. Deixe os outros terem a última palavra...................46
17. Mantenha-se calmo em meio à tempestade...................48
18. Seja honesto sobre seus vícios 50
19. Abra-se ao improvável ou "impossível"....................52
20. Nunca pare de acreditar nos outros.........................54
21. Aprenda a administrar a sobrecarga........................56
22. Saiba que sua grama também é verde......................58
23. Descubra o que motiva você.....................................60
24. Valorize seu tempo 62
25. Seja um ouvinte engajado e ativo.............................64
26. Pare de viver para trabalhar 66
27. Saiba que karma existe...69
28. Jogue fora suas máscaras 71
29. Reconheça o seu valor...73
30. Pare de culpar os outros pelos seus problemas 76
31. Ultrapasse o sinal vermelho.....................................78

32. Mantenha as tradições em um mundo incerto 80
33. Prepare-se para ser impopular 82
34. Concentre-se em seus pontos fortes............................84
35. Cuidado: nada vem de graça..86
36. Crie uma lista de "como ser" 88
37. Deixe seus arrependimentos de lado 90
38. A procrastinação mata, então mate-a primeiro...............92
39. Deixe seus filhos serem eles mesmos........................94
40. Não pegue atalhos; isso pode causar um
    efeito dominó..96
41. Não seja catastrofista 98
42. Coma e beba bem..100
43. Veja o todo. Não só os detalhes................................102
44. Juntos para sempre requer investimento 104
45. Não seja perfeccionista..107
46. Aprenda até seu último suspiro 109
47. Mantenha a postura 111
48. Nunca se acomode 113
49. Seja inteligente com as finanças 115
50. Celebre seu envelhecimento.....................................117
51. Deixe outras pessoas serem seu espelho 119
52. Encontre seu propósito maior....................................121
53. Seja amigo de seus demônios 123
54. Pare de esperar para ser feliz...................................125
55. Peça desculpas..127
56. Aceite que o destino pode pregar peças 129
57. Não entre em todos os conflitos 131
58. Supere sua kryptonita 133
59. Mantenha sua mente saudável 135
60. Busque amizades profundas 137
61. Aprenda a caminhar antes de correr.........................139
62. Cuidado com primeiras impressões..........................141
63. Abra-se à incerteza 143
64. Conheça sua relação com o dinheiro........................145
65. Encontre o equilíbrio com os membros da família 147
66. Dê o fora quando achar conveniente 149
67. Fique feliz em sua própria companhia......................151
68. Nos dias difíceis, respire..153

69.	Explore seus medos	155
70.	Pratique seu "eu" ideal	158
71.	Saiba quando fazer uma concessão	160
72.	Não seja meia-boca	162
73.	Pare de esperar receber algo em troca	164
74.	Pense de forma mais crítica	166
75.	Saiba que nem tudo é sobre você	168
76.	Comemore as conquistas dos outros	170
77.	Administre sua presença on-line	172
78.	Seja um influenciador diário	175
79.	Tire proveito do humor	177
80.	Seja tão curioso quanto um gato	179
81.	Mergulhe ainda mais fundo	181
82.	Destralhe sua vida	183
83.	Coloque a máscara de oxigênio primeiro em você	186
84.	Aprecie as coisas da vida que não têm preço	188
85.	Enfrente questões não ditas	190
86.	Faça coisas pela primeira vez	192
87.	Faça os outros se sentirem bem... e faça o bem	194
88.	Desenvolva um sistema de alerta precoce	196
89.	Use ou perca	198
90.	Permita-se enlouquecer	200
91.	Use a IA a seu favor	202
92.	Desprenda-se do que você teme perder	204
93.	Saia de casa	206
94.	Corra atrás de seus sonhos com cautela	208
95.	Crie, faça e conserte coisas você mesmo	211
96.	Tenha cautela diante da crise climática	213
97.	Colecione momentos, não objetos	215
98.	Foque no que importa	217
99.	Sua história nunca acaba	219
100.	Dane-se o conselho das outras pessoas	221

INTRODUÇÃO

Você está pronto para dar um novo impulso à sua vida?

Bem-vindo a *100 maneiras de vencer: como reprogramar a mente para destravar a vida que você merece*, um guia para uma vida plena e bem-sucedida. Se você leu meus livros anteriores, estou feliz em vê-lo de volta. Se é a primeira vez que lê minhas dicas valiosas, seja bem-vindo.

Preparando o terreno
Reserve um momento para refletir sobre o que vencer significa para você. A resposta será tão única quanto seu DNA, pois vencer não é um conceito universal. É um conceito que se baseia em suas aspirações, seus sonhos e objetivos, refletindo a composição intrincada de suas próprias necessidades e seus desejos. Se você busca êxitos profissionais, relacionamentos gratificantes, boa saúde ou simplesmente paz interior, deixe este livro servir como bússola. Ele foi projetado para guiá-lo com sucesso através dos altos e baixos da vida.

Aqui você descobrirá uma coleção de conselhos, dicas e insights criados para ajudá-lo a desvendar maneiras de superar quaisquer desafios e oportunidades que cruzarem seu caminho. Das ambições mais ousadas à rotina diária, cada entrada é criada para energizá-lo em todos os aspectos de sua vida diária. Trate este livro como seu kit de ferramentas para moldar a vida que você imagina — uma pequena vitória de cada vez.

Seu cardápio pessoal para o sucesso

Antes de mergulhar nas cem dicas, reserve um momento para reflexão: o que é, exatamente, vencer para você? É ter aquele escritório cobiçado, com uma bela vista da cidade, criar um estilo de vida saudável e ativo, desenvolver relacionamentos importantes, alcançar independência financeira, manter a calma e a paz ou talvez alcançar uma combinação equilibrada de todos esses desejos? As possibilidades são tão ilimitadas quanto sua imaginação, e provavelmente evoluirão à medida que você vivenciar as reviravoltas da vida.

Os grandes desafios que você deseja superar provavelmente se enquadram em uma ou mais destas áreas:

- Carreira e trabalho;
- Relacionamentos e família;
- Desenvolvimento pessoal e construção de caráter;
- Estabilidade financeira;
- Bem-estar físico e mental;
- Aprendizagem ao longo da vida;
- Aposentadoria e legado.

Este livro abrange todas essas áreas. Você pode tratá-lo como um cardápio de possibilidades, que oferece uma seleção de ideias e atividades para atender a todas as ocasiões.

Navegando pelas cem dicas

Nestas páginas, você encontrará cem ideias concisas, mas impactantes, cada uma apresentando um conceito fundamental para que você possa explorar e praticar. A primeira página de cada capítulo revela a importância da ideia, explorando por que ela é essencial à sua jornada. A segunda página apresenta algumas dicas e alguns conselhos práticos. Considere este livro seu coach e mentor pessoal, sintetizando décadas de experiência e conhecimento em passos práticos adaptados a você e sua jornada.

Alguns dos exercícios e das atividades podem parecer familiares, servindo como um lembrete amigável para fazer a coisa certa. Outros serão novos, lançando você em território desconhecido. Abrace todos eles. São seu trampolim para formar novos hábitos e comportamentos, cultivar novas mentalidades e pensamentos, para acelerá-lo em direção ao sucesso.

O coach por trás das palavras

Permita-me compartilhar um pouco sobre mim. Sou coach e mentor de vida, liderança e carreira de sucesso, e tive o privilégio de orientar diversos indivíduos espalhados por todo o mundo. Os insights apresentados neste livro são destilados da sabedoria coletiva adquirida por meio de minhas centenas de atuações no coaching.

Além disso, durante meu meio século de vida, fui abençoado com várias conquistas:

- Um casamento amoroso e tempo como pai;
- Conquistas acadêmicas, incluindo estudar na Universidade de Cambridge;
- Uma trajetória de carreira dinâmica, chegando ao cargo de diretor regional de finanças aos vinte anos;
- Uma existência global, vivendo em mais de oito países e trabalhando em pelo menos cinquenta;
- Esforços empreendedores, incluindo a cofundação e posterior venda de uma empresa de recrutamento de sucesso;
- Presença estabelecida como autor e palestrante;
- Paixão pelo coaching, manifestada através de meu negócio, *The Silk Road Partnership*

Mais importante, um sentimento de paz e admiração pela vida que criei e pela pessoa que me tornei.

Uma última e muito importante fonte da minha sabedoria veio dos muitos pontos baixos e decepções que enfrentei: empresas iniciantes falidas, dificuldades na carreira, problemas de relacionamento e lutas internas, para citar apenas alguns.

Sua jornada começa agora

As ideias e atividades que você encontrará nas páginas a seguir não são apenas conceitos para aprender; são as chaves para destravar a vida que você merece — cheia de propósito, enriquecimento e triunfos.

Comece a explorar *100 maneiras de vencer* com a confiança de que cada virar de página o levará mais perto de revelar a vida extraordinária que o espera. Que sua jornada seja tão transformadora para você quanto foi para inúmeras outras pessoas. Um brinde às suas futuras vitórias!

01

SEJA ÚNICO

> Mostre seu verdadeiro eu em um mundo que incentiva a conformidade.

A pressão para se adequar às expectativas dos outros é profundamente enraizada. Começa na infância e nunca para. Todos somos moldados pelas pessoas ao nosso redor — pais, irmãos, colegas, professores, colegas de trabalho — e todos temos o desejo natural de agradar e ser aceito. Isso se manifesta todos os dias nas suas opiniões políticas, no modo como se veste, na carreira que escolheu, na maneira como decora sua casa e no carro que você dirige (ou em seus motivos para não dirigir um carro).

Nada disso é ruim por si só, mas se torna problemático quando suas escolhas conflitam com seus valores, desejos, necessidades e ambições; quando as decisões são tomadas para agradar aos outros, em vez de partir do seu eu autêntico. Se não tiver cuidado, você pode ficar tão ocupado se adequando às expectativas que pode realmente perder *a si mesmo*.

Quando rejeita o caminho da conformidade, duas coisas mágicas acontecem. Primeiro, a pressão para ser algo que você não é evapora, deixando-o com a alegria de ser fiel a si mesmo. E, em segundo lugar, você descobrirá que as pessoas que importam amam esse novo e autêntico eu.

E essa é uma fórmula vencedora. É hora de parar de se misturar com as outras ovelhas e, em vez disso, permitir que o seu verdadeiro eu brilhe.

ENTRE EM AÇÃO

Abrace sua singularidade
Ser o seu verdadeiro eu requer uma profunda mudança de escolhas motivadas *externamente* para decisões que ressoem com seus próprios

sentimentos e suas aspirações. Estas etapas o ajudarão a fazer essa mudança:
1. Pare e avalie se as escolhas que você faz são genuinamente alinhadas com seus valores ou se são motivadas por expectativas e pressões externas. Pratique fazer apenas coisas que vêm do seu coração, em vez do seu cérebro — o que você *acha* que deveria estar fazendo;
2. Identifique aquelas atividades, assuntos ou buscas pelas quais você é genuinamente apaixonado e que o animem. Participe plenamente delas, mesmo quando as pessoas ao seu redor estiverem fazendo outra coisa;
3. Pense em seus valores e princípios. Use-os para guiar suas decisões e escolhas, em vez de permitir que as preferências de outras pessoas as ditem;
4. Tenha coragem de expressar suas opiniões e seus pensamentos, mesmo aqueles que sejam contrários aos das pessoas ao seu redor.
5. Celebre ser diferente e compreenda que todos nós temos necessidades, desejos e preferências únicos, mesmo que a maioria das pessoas mantenha sua singularidade escondida.

02

AUDITE SEUS HÁBITOS

| *Melhore seu comportamento se quer ter sucesso.*

Os hábitos são os blocos de construção do sucesso. Tenha os hábitos corretos e, dessa forma, descobrirá a fórmula do sucesso. O que poderia ser mais poderoso do que cultivar um conjunto de comportamentos positivos enraizados cutucando você repetidamente na direção certa? É você conduzindo a sua própria vida no piloto automático, constantemente corrigindo seu curso e sendo guiado em direção às vitórias que pode vir a ter.

Bons hábitos abrem caminho para a harmonia familiar, o sucesso profissional e a realização pessoal, mas os hábitos insalubres bloqueiam o fluxo. Todos nós temos ambos — hábitos bons e ruins —, só que não é sempre que os reconhecemos. Vamos consertar isso agora, pois vencer não é apenas fazer bem as coisas certas, é *parar* de fazer coisas que o atrapalham.

Reserve um momento para escrever os maus hábitos que você cultiva em cada uma das áreas listadas abaixo. Em seguida, começaremos a nos livrar deles.

- Dormir e descansar;
- Comer e beber;
- Exercitar-se;
- Cuidar do corpo;
- Ler e aprender;
- Economizar e investir;
- Resolver problemas;
- Ajudar o próximo;
- Estilo de comunicação;
- Trabalho em equipe.

> Manter hábitos ruins apenas o impedirá de atingir seu potencial máximo.

ENTRE EM AÇÃO

Identifique o que precisa ser melhorado
Foi fácil listar seus hábitos improdutivos e nocivos ao seu dia a dia? São muitas vezes aquelas coisas as quais você se sente culpado por não fazer bem, como não se exercitar regularmente ou não comer de forma saudável. Se não tiver certeza, peça à sua família, aos amigos ou à colegas para indicar coisas que você deve parar ou começar a fazer, ou fazer de forma diferente. Eles poderão oferecer dicas muito úteis e objetivas.

Comprometa-se com a mudança
Todos somos criaturas de hábitos, e mudar o que fazemos não é fácil. É muito mais fácil parar com um mau hábito se ele estiver causando desconforto ou dor, mas as desvantagens nem sempre são imediatamente óbvias. Tente ver o quadro geral e identificar aqueles hábitos que parecem inofensivos, mas que na verdade podem estar atrapalhando. Isso deve servir como alerta para resolver comportamentos não saudáveis.

Crie hábitos substitutos consistentes
Escolha conscientemente hábitos positivos para substituir os nocivos à sua vida. Isso pode ser tão fácil quanto se exercitar mais ou escolher um livro. Você irá encontrar diversos hábitos e comportamentos positivos nas páginas a seguir, com ajuda e conselhos específicos de como adotá-los.

Celebre marcos
Com qualquer hábito que deseje abandonar ou ainda mudar, é válido dar a si mesmo algum tipo de incentivo. Por exemplo, se conseguiu ficar um mês sem comer *besteira, comemore*. Peça para alguém cobrá-lo pela mudança do hábito, e celebrem juntos quando você tiver conquistado o objetivo.

Manutenção é essencial
Alterar seus hábitos não é um processo único. Você precisa refletir regularmente sobre quais de seus hábitos o ajudam a alcançar uma vida saudável e equilibrada, e quais trabalham contra você. Mantenha uma lista de metas a ser atualizada de tempos em tempos (veja a dica nº 36 para saber mais).

03

USE SUAS EMOÇÕES A SEU FAVOR

| *Faça suas emoções trabalharem em seu benefício, não contra você.*

Carreiras e relacionamentos prósperos podem simplesmente desmoronar devido à falta de maturidade emocional. Chame de pouca inteligência emocional ou baixo quociente emocional, ou ainda QE, há muito disso por aí. Você já:
- Reagiu impulsivamente a um e-mail, pressionando "responder a todos" e desferindo sua raiva?
- Aumentou o tom de voz durante uma reunião de equipe quando confrontado com divergências?
- Respondeu ao esquecimento de um parceiro ficando sem falar com ele?
- Sentiu inveja ao ver um colega ser promovido em vez de você?

Isso é conhecido como "gatilho emocional" — quando algo acontece e você permite que suas emoções assumam o controle, especialmente em momentos de angústia, choque, estresse ou surpresa. Uma resposta imatura pode provocar uma reação em cadeia, na qual seu estado após o gatilho emocional leva aqueles ao seu redor a responder da mesma maneira. As repercussões podem ser graves — de discussões acaloradas e relacionamentos rompidos a perda de emprego e colapso no casamento.

> Controle suas emoções e use-as a seu favor para alcançar seus objetivos.

ENTRE EM AÇÃO

Controle seu gatilho
Imagine que ter um gatilho emocional é como aprender a manusear uma arma de fogo, em que um instrutor insiste que você conte silenciosamente até cinco e se questione por que está puxando o gatilho antes de puxá-lo. Quando sentir que está enfrentando um gatilho emocional, pare, reconheça seus sentimentos e resista ao impulso de agir sem pensar.

- Se sentir que está ficando com raiva durante uma reunião, simplesmente peça licença e saia para respirar profundamente por alguns minutos;
- Se tiver que escrever um e-mail difícil, pare antes de enviá-lo. Salve-o em seus rascunhos, afaste-se do computador. Leia-o mais tarde, quando provavelmente descobrirá que tem distância suficiente para ajustar o tom;
- Se seu parceiro estiver chateado porque você esqueceu um evento significativo, peça desculpas e ouça. Nunca tente se justificar.

Conceda sempre a si mesmo o tempo que precisa para recuperar a compostura. A autogestão saudável pode envolver fechar os olhos, contar até dez, dar um curto passeio e se perguntar se é seu eu autêntico que quer gritar ou seu ego machucado.

Nunca use reações emocionais para ganhar uma discussão. Não aja como vítima nem fuja da culpa. Após refletir em silêncio sobre suas emoções e as origens delas, planeje uma resposta madura e calma. Para ser claro, raiva ou chateação são algumas vezes justificadas, mas, em geral, responder com base em fatos e sem emoção é a melhor escolha.

04

FAÇA SACRIFÍCIOS

| *Procure o que você precisa, não apenas o que você quer.*

A vida é uma série de escolhas contínuas, porque não é possível termos tudo de uma vez. Nunca há tempo, dinheiro ou tampouco recursos suficientes. A vida requer decisões constantes quanto a sacrificar uma coisa por outra:
- Arranjar um emprego ou ir para a universidade?
- Ficar solteiro ou se casar?
- Ficar onde está ou se mudar?

Algumas escolhas são simples, mas outras envolvem optar por uma coisa em vez de outra. Os sacrifícios mais difíceis geralmente envolvem gratificação adiada ou renunciar a um prazer imediato para ganhos futuros, como abdicar de um feriado para reduzir suas horas a compensar no trabalho. Não é incomum se sentir preso e procrastinar nessas situações.

Você é bom em fazer as trocas que a vida exige?

> Fazer escolhas difíceis hoje pode criar um amanhã incrível para você.

ENTRE EM AÇÃO

Reflita sobre suas decisões
Quando confrontado com uma decisão importante, em especial se ela vier com várias opções para escolher, não tenha pressa. Pondere as

implicações de cada opção e nos sacrifícios que precisará fazer. Tenha certeza antes de se comprometer.

Aceite a gratificação adiada
Esteja sempre disposto a adiar o prazer instantâneo em prol de recompensas futuras, mesmo quando parecer realmente desafiador.

Se estiver cortando luxos para economizar para empreendimentos futuros, incentive os que estiverem ao seu redor a fazer o mesmo. Sacrifícios compartilhados são mais suportáveis, e o apoio mútuo ajudará a garantir que você não desista tão facilmente.

Sacrifícios são uma parte inevitável da vida, mas ao abordar a tomada de decisões de maneira cuidadosa e aceitar a gratificação adiada, você pode navegar por escolhas importantes com maior senso de propósito e satisfação.

05

SEJA GENTIL COM VOCÊ

| *Aprenda a se aceitar, mesmo que não se sinta digno.*

Uma coisa que você pode ter certeza é de que você é seu crítico mais severo. Trabalho com muitas pessoas bem-sucedidas que são atormentadas por dúvidas e inseguranças; pessoas de alto desempenho que têm uma capacidade extraordinária de encontrar falhas em tudo o que pensam, dizem e fazem.

Baixa autoestima, síndrome do impostor, desejo de se menosprezar — essas características, em geral, se originam na infância ou no início da idade adulta, quando mensagens negativas de pais, irmãos, professores, colegas ou cuidadores podem causar um impacto duradouro. As origens podem estar no *bullying* e nas provocações dos colegas, nos comentários não construtivos dos professores ou na falta de feedback positivo dos pais.

Deixar de reconhecer e quebrar padrões não saudáveis pode deixá-lo com níveis cronicamente baixos de autoconfiança e autoestima, levando a uma espiral descendente que pode afetar seus relacionamentos, suas amizades, sua carreira, sua saúde pessoal e seu bem-estar.

> Ser gentil e amoroso consigo mesmo cria uma base para uma vida plena e recompensadora.

ENTRE EM AÇÃO

Aprenda a se amar de verdade
A jornada para o amor-próprio é trilhada em um processo contínuo de ser paciente e gentil consigo mesmo e notar suas qualidades positivas.

- Dê pequenos passos e tempo a si mesmo, reconhecendo que se valorizar e se amar é um processo gradual. Comece apreciando pequenos aspectos do que você está fazendo e alcançando;
- Reconheça todo feedback positivo que lhe for dado e esteja aberto a recebê-lo dos outros. Quando elogiado, reserve um momento para reconhecer o elogio e assimilar a ideia. Se um amigo o elogiar, agradeça a ele e tenha orgulho de realmente ser tão bom quanto dizem que você é;
- Fale de si mesmo de maneira positiva. Lembre-se de que você não é a soma de suas fraquezas. Permita-se entender que suas fraquezas, seus erros e suas falhas não definem você nem a sua identidade. São apenas parte do que o torna humano, junto com suas muitas forças e qualidades;
- Presenteie-se com atividades que ama e que contribuem positivamente para seu bem-estar. Priorize o autocuidado, sabendo que você é digno e que merece ser gentil consigo mesmo;
- Se padrões não saudáveis persistirem, considere buscar o apoio de um terapeuta ou conselheiro para ajudá-lo a trabalhar em sua saúde mental. Terapias sugeridas podem incluir terapia cognitivo-comportamental (TCC), que às vezes é a única maneira de quebrar hábitos profundamente arraigados e prejudiciais.

06

MANTENHA-SE POSITIVO

> *Prepare-se para os tempos difíceis,*
> *e lembre-se de que o sol sempre nasce.*

Caso tenda a se sentir tomado pela tristeza quando confrontado com notícias terríveis, você não está sozinho. A maioria de nós luta para responder positivamente a mudanças ou eventos difíceis ou negativos na própria vida. Diante de tragédias ou perdas inesperadas, em geral nos pegamos sentindo uma mistura de raiva, chateação, confusão e negação. Como você responderia em qualquer um destes cenários?

- Durante uma recessão econômica, você é inesperadamente demitido do emprego que amava;
- Seu pai ou sua mãe recebe um diagnóstico de câncer terminal e falece semanas depois;
- Lesões graves de um acidente levam a uma condição física que muda sua vida;
- A inteligência artificial (IA) muda o mercado e seu negócio vai à falência;
- Seu parceiro declara que quer o divórcio e sai de casa.

Eventos como esses podem realmente "parti-lo ao meio" — drenando sua energia, empurrando-o para a depressão e deixando você relutante em sair e enfrentar o mundo.

Lembre-se, porém, de que o que não nos mata nos deixa mais fortes. Não importa quão desafiadora seja a situação, a vida continua, e enquanto a vida continua, o potencial para recuperar a positividade, a esperança e o otimismo permanece. Falo por experiência pessoal quando digo que você pode encontrar a luz mesmo depois de se perder nos túneis mais escuros.

> Quando enfrentar as dificuldades da vida,
> tente sempre se lembrar de que em algum momento
> as coisas vão melhorar.

ENTRE EM AÇÃO

Dê tempo para a cura
• Fale com pessoas de confiança e permita-se expressar suas emoções. Saiba que está tudo bem e é saudável chorar enquanto você se abre e encontra conforto no apoio dos demais;
• Dê a si mesmo tempo para lamentar o que perdeu ou o que mudou — a perda de um ente querido, uma oportunidade, um emprego. Resista ao impulso de tomar novas decisões precipitadas para preencher o vazio. Em vez disso, pratique a paciência;
• Agitações emocionais podem drená-lo, e é crucial manter o bem-estar e a saúde. Talvez você precise de mais sono, comida reconfortante saudável ou apenas silêncio. Faça o que for preciso para cuidar de si mesmo.

Reconheça o impacto em si mesmo
• Entenda que os acontecimentos enfrentados o mudarão, e está tudo bem. Você pode se tornar mais cauteloso em relacionamentos futuros ou quando estiver procurando emprego. Com sorte, você também sentirá um novo apreço pelo que tem, ao reconhecer como as coisas podem ser facilmente perdidas;
• Atravessar grandes choques e desafios são oportunidades para crescer e ganhar experiência. Pode levar semanas ou até meses, mas, em algum momento, você sairá mais forte e sábio.

07

USE SUA VOZ

| *Defenda o que é certo.*

Sua voz importa. Todos nós temos opiniões sobre o que acontece no mundo. Todos nos sentimos tocados e inspirados pelas lutas e pelos desafios que as pessoas enfrentam. A gama de questões pelas quais as pessoas lutam é vasta. De direitos LGBTQIAPN+ e corrupção a racismo e conservação ambiental, cada causa é uma oportunidade para as pessoas falarem e fazerem a diferença.

Você pode adicionar sua voz a qualquer coisa que lhe seja importante, independentemente de se é pessoal ou quanto tempo tenha passado. Pense no movimento *#metoo*, no qual pessoas que sofreram abuso sexual tiveram a coragem de falar depois de décadas. Você pode optar por nunca ser tão expressivo quanto Malala Yousafzai, mas, com suas próprias perspectivas e experiências, você pode encontrar sua própria causa e sua voz.

Ao longo da história, mudanças impactantes foram impulsionadas por aqueles dispostos a falar. Encontrar sua voz pode ajudar você a contribuir para um mundo melhor.

> Usar sua voz pode ser difícil, mas é muito mais recompensador do que ficar calado.

ENTRE EM AÇÃO

Descubra sua causa
- Algumas pessoas descobrem suas paixões na infância; outras levam mais tempo. Não se sinta culpado se ainda não encontrou

sua causa. Comece a prestar atenção no que o deixa chateado, com raiva, ou em assuntos sobre os quais você tem uma opinião forte. Reserve um tempo para mergulhar profundamente nesses problemas e tópicos que mexem com você. Explore em quais desses problemas você gostaria de agir;
• Existem muitas maneiras de se manifestar: juntando-se a grupos, participando de discussões on-line, assinando petições, contribuindo financeiramente para causas ou viajando para participar de manifestações.

Supere suas hesitações
• Saia da sua zona de conforto e lembre-se de que sempre há uma primeira vez. Tente e aprenda ao longo do caminho. A força está nos números, então conecte-se com pessoas com ideias semelhantes, juntando-se a grupos ou participando de debates ou protestos;
• Comece com algo pequeno, por exemplo, assinando uma *newsletter* ou entrando em um grupo no Facebook;
• Reserve tempo em sua agenda para agir, seja uma hora por semana para debater em um fórum on-line ou um dia no fim de semana para participar de uma marcha de protesto.

08

NÃO FIQUE PARADO

| *Sinta a energia.*

Nós evoluímos como criaturas que se movem, não como seres que ficam sentados o tempo todo. Infelizmente, ficar sentado parece ser o modo de vida principal hoje em dia, seja em sua estação de trabalho, assistindo à televisão, viajando de carro ou ainda escrevendo um livro (falando por experiência própria!). Sentar-se por longos períodos drena sua energia e vitalidade. Isso reduz a circulação sanguínea, enfraquece os músculos, enrijece as articulações e causa hipertensão.

Além disso, muitas de nossas atividades mentais não fluem bem quando as abordamos de uma posição sentada, seja refletindo, fazendo brainstorming, pensando fora da caixa ou gerenciando conflitos. É por isso que conduzo minhas sessões de coaching presenciais enquanto caminhamos, em vez de permanecermos sentados por uma hora ou mais.

Então, deixe a cadeira e o sofá de lado e sinta a energia voltando. A única coisa que você tem a perder é sua letargia.

> Ficar sentado o dia todo tende a reduzir sua expectativa de vida.

ENTRE EM AÇÃO

Faça questão de se levantar
- Considere usar uma mesa ajustável, de preferência uma daquelas em que a altura pode ser controlada para que você possa alternar entre trabalhar sentado e em pé;

- Sempre se movimente enquanto atende ligações. Você parecerá mais alerta e menos propenso a ser distraído por coisas como o que está na tela do computador;
- Configure lembretes para se levantar e se alongar a cada hora para se energizar;
- Caminhe por trinta minutos por dia para desfrutar de um impacto incrível em seu bem-estar.

09

SEJA UM AMBIVERTIDO

| *Aproveite as melhores qualidades de introvertidos e extrovertidos.*

Você sabia que cada um de nós nasce introvertido ou extrovertido? Isso significa que você é alguém que pensa silenciosamente sobre as coisas antes de falar ou alguém que fala à medida que as ideias surgem em sua cabeça. A proporção de introvertidos para extrovertidos é aproximadamente 50/50.

Passamos a infância praticando o que é natural para nós: um típico jovem introvertido pode ser atraído por leitura, pensamento, solidão e silêncio, enquanto seus amigos extrovertidos estão constantemente falando e interagindo.

Ao atingir a idade adulta, você será percebido como um ouvinte tímido e um pensador profundo, ou como um comunicador polido que nunca para de falar. Mas só porque nascemos de certa forma não significa que não podemos cultivar outras maneiras de ser.

O segredo de uma vida bem-sucedida é dominar ambas as qualidades, então é hora de liberar seu ambivertido interno para, com isso, poder aproveitar as melhores características de introvertidos e extrovertidos. Se conseguir dominar isso, você poderá alternar entre compartilhar ideias no momento e subir ao palco com confiança, ao mesmo tempo que ouve bem e passa tempo sozinho refletindo e contemplando sobre os assuntos.

> Para ser bem-sucedido em qualquer ambiente, seja capaz de utilizar as habilidades tanto da extroversão quanto da introversão.

ENTRE EM AÇÃO

Para os introvertidos, tome a palavra
Se você é introvertido, é hora de abraçar a habilidade do extrovertido de participar de conversas e falar em qualquer ambiente. A maioria dos introvertidos luta com isso, e muitas vezes fica em silêncio. Tente usar "frases de preenchimento" para facilitar sua entrada em qualquer conversa em andamento:

- "Se eu puder contribuir com as ideias compartilhadas até agora..."
- "Deixe-me adicionar minha perspectiva à discussão..."
- "Permita-me compartilhar alguns pensamentos adicionais..."

Essas frases lhe dão alguns segundos para ajudar seu cérebro "introvertido" a se manifestar; isso lhe dá um momento para se recompor antes de falar.

Para os extrovertidos, escute mais
Caso você seja extrovertido, tente evitar compartilhar sempre todos os pensamentos que cruzam sua mente.

Pratique ficar em silêncio nas reuniões. Isso permitirá que você ouça e pense, ao mesmo tempo que dá espaço para que os outros contribuam. Quando quiser falar, pergunte a si mesmo: "Eu realmente preciso ser ouvido agora?". Esse momento de reflexão o impede de ficar no piloto automático e abrir a boca simplesmente por causa disso.

10

FOQUE NO PRESENTE

| *Pare de viver no passado e de se preocupar com o futuro.*

É fácil se envolver no barulho do passado ou ser consumido por preocupações com o futuro. Mas o passado acabou, e o futuro é desconhecido, então há realmente apenas um caminho sensato: ignorar ambos.

Insistir no passado, carregando arrependimentos e sendo nostálgico sobre o que aconteceu, só fará você perder o que está acontecendo agora. Da mesma forma, ficar preocupado com o futuro e ansioso com o que pode acontecer tira sua atenção e energia do presente.

O presente não é apenas um ponto de encontro entre passado e futuro; é o único momento em sua vida em que você pode moldar as coisas, em que você tem o que os psicólogos chamam de agência. É no momento presente que você toma as decisões e faz as escolhas que, por sua vez, moldarão sua vida. Como resultado, grande parte da capacidade de criar a vida que deseja reside no que você escolhe fazer e pensar agora.

Pense nos momentos presentes como seu trampolim para construir uma vida significativa para você e para aqueles ao seu redor.

> Um jeito fácil de desperdiçar a vida é vivê-la no passado e no futuro.

ENTRE EM AÇÃO

Seja mais consciente do presente
Envolva-se em atividades que exigem toda a sua atenção, forçando-se a estar presente. Essa prática incentiva seu cérebro a se concentrar no

aqui e agora, redirecionando sua mente para longe do que já aconteceu ou do que pode acontecer.

A meditação é um método comprovado para alcançar maior consciência do momento presente. Se ela é uma novidade para você, comece dedicando pelo menos dez minutos por dia para se sentar em silêncio, com os olhos fechados, concentrando-se em sua respiração e permitindo que seus pensamentos surjam e se afastem sem julgamento ou comentários internos.

Para ajudar a manter a mente focada no momento presente, tenha mais consciência do que está acontecendo ao seu redor — observe a chuva caindo no chão, veja como um jardineiro poda suas árvores frutíferas, observe os pássaros voando no céu ou perceba um limpador de janelas trabalhando.

Há muitas experiências imersivas que o ajudarão a se conectar com o momento presente: tente caminhar na natureza; nadar; passar tempo com amigos íntimos; malhar na academia ou se envolver em atividades artísticas como pintura ou poesia. Sempre que sua mente começar a vagar da tarefa em questão, guie-a com suavidade de volta ao momento presente. Diga a si mesmo: "Olhe para todas aquelas árvores lindas balançando no vento" ou "Deixe-me contar minhas braçadas na natação".

11

NÃO GUARDE MÁGOAS

| *Perdoe as pessoas que o entristeceram.*

Na vida, você encontrará pessoas que despertam emoções que você preferiria não sentir — raiva, frustração, ódio. É fácil acreditar que guardar sentimentos negativos de alguma forma afeta a pessoa que os desencadeou. A verdade é que guardar ressentimento é como beber veneno e esperar que outra pessoa sofra. O impacto será sentido em você, não nela. Quando se apega à raiva, você cria um ambiente tóxico dentro de si mesmo. Isso obscurece seu julgamento, mancha sua perspectiva e corrói sua paz de espírito. O peso do ressentimento só aumenta com o tempo, sobrecarregando você com bagagem emocional desnecessária.

Por que se apegar a um veneno que corrói seu próprio bem-estar? Emoções negativas consomem seus pensamentos, afetando seu bem-estar mental e emocional. E a ironia é que o objeto de toda essa dor pode nem estar ciente de seus sentimentos. Você está dando a alguém que não valoriza poder sobre sua própria felicidade e seu bem-estar. Guardar raiva é uma prisão autoimposta, e o único que sofre é você.

> Parar de carregar o peso da raiva, da mágoa e da amargura deixará você mais leve, mais positivo e energizado.

ENTRE EM AÇÃO

Torne-se especialista em deixar para lá
- Reconheça que todos cometem erros e que a pessoa que o machucou é humana, assim como você. Todos carregamos fardos

e falhas. Entender isso é o primeiro passo para liberar a raiva ou a irritação que você está segurando;
- Pratique o perdão. Não se trata de tolerar ou esquecer as ações dos outros, mas de se empoderar para seguir em frente. Ao deixar para lá, você reassume o controle de suas próprias emoções e de sua vida, não sendo mais definido pelas ações dolorosas dos outros;
- Seu bem-estar mental e emocional deve ser prioridade máxima, então concentre-se no autocuidado. Em vez de permitir que sentimentos negativos fermentem, redirecione sua energia para atividades e pensamentos que nutrem seu crescimento e sua felicidade;
- Rompa o ciclo de ressentimento substituindo seus pensamentos negativos por afirmações positivas. Pode ser difícil, mas continue tentando. Ao direcionar ativamente sua mente para pensamentos e sentimentos positivos, você cria um espaço onde o perdão e a paz podem florescer.

12

AFASTE-SE QUANDO NECESSÁRIO

| *Tome uma boa distância de pessoas tóxicas.*

Você já se viu envolvido em relacionamentos ou amizades que drenam sua energia, diminuem sua autoestima e espalham sementes de negatividade? É crucial reconhecer a profunda importância de estar disposto a se afastar. A vida é muito curta para suportar relacionamentos tóxicos que atrapalhem seu bem-estar pessoal e emocional.

Relacionamentos insalubres assumem muitas formas — de amizades drenantes que oferecem pouco apoio a relacionamentos românticos que sugam sua energia positiva, e colegas ciumentos que tentam prejudicá-lo a cada passo. Reconhecer quando um relacionamento chegou ao fim e se tornou tóxico faz parte de se tornar maduro e sábio. Ir embora pode ser uma poderosa declaração de amor-próprio e autoestima, deixando espaço em sua vida para relacionamentos mais saudáveis que promoverão seu crescimento e lhe trarão mais felicidade e realização.

> Afastar-se de certas pessoas pode ser bem difícil, mas os benefícios para o seu bem-estar serão enormes.

ENTRE EM AÇÃO

Decida-se, intencionalmente, por ficar ou partir
- Saiba que não há problema algum em dizer: "Chega, já basta". Todos merecemos relacionamentos que nos permitam sentir seguros,

ser nós mesmos e nos energizar. Entenda que ir embora é uma afirmação de sua autoestima e de que você se valoriza;
• Tire um momento para refletir sobre si mesmo e avalie como um relacionamento problemático se alinha com seus valores e contribui para seu crescimento, além de como ele o faz sentir. Se é algo que prejudica constantemente seu bem-estar, pode ser hora de considerar se afastar dessa pessoa;
• Antes de partir, considere comunicar suas necessidades e seus limites a essa pessoa para dar a ela uma última chance de mudar. Se o relacionamento persistir em ser insalubre, estabeleça limites firmes para proteger seu próprio bem-estar emocional e mental. Por exemplo, se for um colega de trabalho, você pode considerar socializar menos com ele;
• Para obter uma perspectiva externa, entre em contato com amigos, familiares ou uma pessoa de confiança para ajudá-lo a ter mais clareza de como você se sente em relação a uma pessoa tóxica;
• Se necessário, planeje como será sua partida. Como você fará isso dependerá de sua situação. Você pode simplesmente parar de atender as ligações e de responder às mensagens da pessoa. Ou pode ter que fazer algo mais drástico, como sair de casa ou do emprego.

13

NÃO FAÇA NADA.
PODE SER BOM PARA VOCÊ!

Está tudo bem abandonar a idealização por trás da sobrecarga e se permitir não fazer nada.

Na agitação dessa vida acelerada, a ideia de não fazer nada pode parecer contraintuitiva. Isso porque valorizamos pessoas ativas e admiramos aquelas figuras conhecidas que sempre parecem estar ocupadas fazendo coisas e atingindo metas, muitas vezes em mais de uma área da vida. No entanto, já orientei muitas pessoas assim, cuja constante ocupação as levou ao esgotamento, estresse e à sobrecarga. Isso não lhes trouxe felicidade.

Isso também se aplica até mesmo a nós, pessoas comuns. Mesmo que nosso trabalho diário não seja muito exigente, o bombardeio constante de estímulos do mundo digital e nossas responsabilidades diárias podem ser suficientes para nos deixar exaustos e esgotados.

Não fazer nada é um aspecto crucial do autocuidado, e abraçar momentos de quietude e permitir-se simplesmente "ser" pode ser profundamente benéfico. Nunca pense que não fazer nada é perda de tempo — é um investimento em seu bem-estar mental e também emocional. Assim como um músculo precisa de descanso para crescer mais forte, sua mente requer momentos de quietude para manter clareza e foco.

> Às vezes, a solução mais produtiva é não fazer nada.

ENTRE EM AÇÃO

Crie momentos para não fazer nada
- Aloque tempo específico em sua agenda para não fazer nada. Sejam alguns minutos por dia sejam períodos mais longo a cada semana, dê prioridade a esse tempo;
- Envolva-se em exercícios de respiração consciente. Faça respirações lentas e profundas, concentrando sua atenção nos movimentos de inalação e exalação. Essa prática simples pode trazer uma sensação de calma e presença;
- Desligue o rádio, guarde seu smartphone e desconecte-se do mundo digital. Permita-se desfrutar de momentos sem o zumbido constante de ruído e notificações;
- Passe um tempo ao ar livre fazendo nada além de dar um curto passeio no parque ou sentar-se em seu jardim;
- No trabalho, afaste-se de reuniões não importantes, diga não a tarefas não urgentes e use o tempo liberado para fazer uma pausa e ficar sozinho;
- Envolva-se em atividades que permitam que sua mente divague. Seja rabiscando, sonhando acordado ou explorando um hobby criativo.

14

TENHA CUIDADO AO SE ABRIR

| *Doe-se aos demais, mas sem perder a si mesmo.*

O amor é uma força poderosa que tem o potencial de transformar por completo nossas vidas e as dos outros de diversas maneiras. Contudo, há uma condição importante. Seja seu parceiro, filhos, familiares, amigos ou mesmo colegas próximos, amar os outros — com todas as consequências que isso implica — pode ser energizante e drenante ao mesmo tempo.

O investimento emocional que fazemos nesses relacionamentos às vezes pode parecer exaustivo, mesmo que as recompensas possam ser imensuráveis. Amar os outros significa abrir-se para a vulnerabilidade, bem como para a empatia e a compreensão.

O segredo é não sacrificar seu próprio bem-estar e sua identidade. Em vez disso, encontre um equilíbrio entre nutrir seus relacionamentos e preservar seu senso de si mesmo.

Isso ocorre porque o amor, em todas as suas formas, é um processo recíproco, e manter relacionamentos amorosos com outras pessoas enquanto atendemos às nossas próprias necessidades é um trabalho que exige evolução constante. Requer habilidades como autoconsciência, estabelecimento de limites e compromisso com seu próprio crescimento.

> Todos nós precisamos amar e ser amados enquanto seguimos sendo quem somos.

ENTRE EM AÇÃO

Cultive seus relacionamentos com atenção
- Com qualquer parceiro, discuta e estabeleça limites claros que respeitem o tempo, a energia e o espaço pessoal de cada um;
- Priorize o autocuidado como parte integrante de sua rotina, garantindo que você tenha momentos de solidão, bem como tempo para se envolver em atividades das quais gosta;
- Cultive uma comunicação aberta e sincera em seus relacionamentos, expressando seus pensamentos e sentimentos enquanto ouve ativamente as perspectivas dos outros;
- Foque a qualidade de suas interações, em vez da quantidade. Conexões significativas prosperam em profundidade e compreensão, e isso muitas vezes significa estar pronto para ouvir e se abrir;
- Cultive empatia e busque compreender as emoções e necessidades daqueles que você ama. Isso ajudará a criar um ambiente de apoio para o crescimento mútuo;
- Abrace e celebre a individualidade em você e nos demais. Em um nível prático, isso significa incentivar o crescimento pessoal dos outros enquanto eles perseguem as próprias paixões e seus sonhos;
- O amor é uma maratona, não uma corrida de velocidade, então seja paciente e cultive seus relacionamentos intencionalmente. Sempre permita altos e baixos ao longo do caminho.
- Na dica nº 44, eu me aprofundo em como permanecer em um relacionamento de longo prazo bem-sucedido.

15

OUÇA SUA INTUIÇÃO

| *Encontre suas próprias respostas.*

Sua voz interior é um recurso inestimável que pode guiá-lo até mesmo nas decisões e nos dilemas mais complicados da vida. Infelizmente, porém, muitas vezes permitimos que o barulho do mundo externo afogue esse sistema de orientação que existe dentro de todos nós. Mas não importa como chamemos esse guia interno — nosso instinto, coração, intuição, sexto sentido ou bússola interna —, ouvi-lo é uma habilidade importante e aprendível quando enfrentamos os momentos mais difíceis da vida.

Talvez você não saiba como se sente em relação a um relacionamento atual, se deve se mudar para o exterior para trabalhar ou aceitar aquela promoção com todas aquelas responsabilidades extras? A resposta é: pare de se preocupar, fique quieto por um momento e ouça seu coração.

Ele guarda um reservatório de sabedoria moldado por nossas experiências, valores e desejos autênticos. Quando faço coaching de pessoas que estão enfrentando decisões difíceis, sempre lhes peço que reflitam silenciosamente sobre qual *sentem* ser o caminho certo a seguir. Posso pedir que fechem os olhos e se perguntem o que seu instinto ou intuição lhes diz para fazer.

As respostas internas que você ouve nem sempre estão alinhadas com a lógica, mas normalmente ressoam com seu eu mais profundo. Elas costumam carregar informações valiosas que podem guiá-lo na direção certa, e aprender a reconhecer e abraçar essa bússola interna o capacitará a enfrentar desafios com mais clareza e confiança. À medida que você cultiva essa habilidade, descobrirá que seu coração se torna um guia cada vez mais confiável.

> Aquela voz silenciosa no seu âmago pode fornecer respostas que você nunca encontrará em uma pesquisa na internet.

ENTRE EM AÇÃO

Pratique ouvir seu coração
Aprenda a confiar nos sentimentos imediatos ou pressentimentos que surgem dentro de você, prestando atenção especial às sensações físicas. Seu corpo muitas vezes comunica o que seu coração sabe. Uma sensação de inquietude ou desconforto pode ser um poderoso guia de que você não deve fazer algo. Por outro lado, sentimentos calorosos e positivos quanto a um caminho a seguir muitas vezes podem ser a prova que você precisa de que aquela é uma boa escolha.

Quando confrontado com escolhas, considere como cada opção se alinha com seus valores, suas crenças e aspirações fundamentais. Mantenha um diário para registrar momentos em que seu coração fala — momentos que podem vir quando você está no banho, meditando, dirigindo ou caminhando... ou a qualquer hora.

Olhe para trás e veja como sua intuição o ajudou
Reflita sobre decisões em que ouvir sua intuição o levou a resultados positivos. Da mesma forma, lembre-se de situações em que ignorar sua intuição pode ter resultado em decisões que você se arrepende de ter tomado. Use essas lições aprendidas para ajudá-lo a superar dúvidas sobre a importância de ouvir a sabedoria de seu coração.

16

DEIXE OS OUTROS TEREM A ÚLTIMA PALAVRA

| *Aprenda a parar de deixar seu ego no controle.*

Pare de ser aquele colega ou amigo irritante que sempre tem que ter a última palavra. Esse impulso pode ser muito prejudicial aos seus relacionamentos, sua colaboração com colegas profissionais e, consequentemente, seu crescimento pessoal.

Essa necessidade de estar sempre certo e de "vencer" todas as discussões muitas vezes surge de um ego imaturo, impulsionado pelo desejo de dominação ou então pela necessidade primitiva de sempre sair por cima.

De vez em quando, está tudo bem ansiar por ser o primeiro, provar um ponto ou satisfazer seu desejo de estar certo, mas não na maioria das vezes. E a última pessoa que se beneficia com isso é você.

Dar aos outros o privilégio da última palavra pode ser muito saudável e frutífero, pois demonstra disposição a ouvir, aprender e apreciar as perspectivas das pessoas ao seu redor. Ao renunciar ao seu desejo de ser o vencedor, você abre a porta para uma confiança e compreensão mais profundas. Isso melhorará qualquer ambiente, seja em casa ou no escritório, criando um espaço onde todos sintam que sua voz é reconhecida e onde as pessoas vão gostar mais de trabalhar e conversar com você.

> Não ter a última palavra
> o torna mais sábio e calmo.

ENTRE EM AÇÃO

Deixe de lado a necessidade de validação
Entenda que seu valor não é determinado por ter a última palavra e estar certo. Sempre que sentir seu ego se eriçar, repita este mantra várias vezes: "Está tudo bem se a última palavra não for minha". Libertar-se da necessidade de validação constante permite que você apareça como seu eu autêntico. Você pode trocar ideias e opiniões sem ter que se preocupar com como sairá vitorioso.

Dê a última palavra aos demais
Comece a ver as conversas como oportunidades de aprender, em vez de como batalhas a serem vencidas, e adote uma mentalidade que valoriza a troca de ideias em vez do triunfo pessoal.
• Concentre-se em entender o que os outros estão expressando, em vez de formular uma resposta contrária dentro de sua cabeça. Quando seu interlocutor terminar de falar, faça uma pausa e deixe que as palavras dele se acomodem antes de exprimir seu ponto de vista. Alguns momentos de silêncio não farão mal, mas serão benéficos para a discussão;
• Reconheça que todos trazem um ponto de vista único, moldado pelas próprias experiências, e que há valor em explorar essas diferenças. Procure e reconheça os aspectos positivos em suas percepções e perspectivas;
• Priorize a empatia em suas interações, buscando entender as emoções e intenções por trás das palavras dos outros, em vez de se fixar em encontrar erros e falhas em seu argumento.

Na dica nº 25, você pode explorar como se tornar um bom ouvinte.

17

MANTENHA-SE CALMO EM MEIO À TEMPESTADE

Pare de permitir que as circunstâncias externas controlem o modo como você se sente.

A vida é uma jornada imprevisível, e muitas vezes nos deparamos com tempestades: desafios, contratempos e reviravoltas inesperadas. A capacidade de navegar por essas tempestades é uma habilidade que pode ser aprendida e praticada. E, uma vez adquirida, ela transformará a maneira como você responde a contratempos futuros e momentos de adversidade.

A maioria das circunstâncias externas, assim como o clima, está fora do seu controle, do nosso campo de ação. Pode ser a falência do seu empregador, uma doença do seu parceiro ou ainda atrasos de viagem no aeroporto. Você não pode controlar tudo o que acontece à sua volta; porém, a maneira como vai responder à essa adversidade está totalmente ao seu alcance.

Todos somos capazes de desenvolver uma mentalidade que aceita com graça e resiliência as coisas que nos acontecem e que não podemos controlar. Embora reconheçamos que (a maioria das) tempestades sejam temporárias, podemos garantir que temos a força interior para suportar com calma e dignidade quaisquer tempestades que surjam em nosso caminho.

> Permaneça calmo internamente,
> não importa como esteja o clima lá fora.

ENTRE EM AÇÃO

Desenvolva uma mentalidade de resiliência
• Cultive a resiliência vendo cada desafio como uma oportunidade de crescimento, armado com o conhecimento de que você quase sempre pode se recuperar. Abrace a sabedoria da Oração da Serenidade — "Conceda-me a serenidade para aceitar as coisas que não posso mudar" —, e reconheça que certos aspectos da vida estão além do seu controle;
• Não permita que os pensamentos negativos ditem seu estado emocional. Lembre-se sempre de que não somos nossos pensamentos. Você pode observar isso quando der um passo para trás em relação ao que está pensando e observar como pensamentos e ideias vêm e vão aleatoriamente em sua cabeça.

Construa uma rede de apoio
Cerque-se de influências positivas: amigos, familiares ou mentores que possam fornecer apoio, orientação e incentivo para ajudá-lo a lidar com suas tempestades. Simples assim.

Respire fundo antes de responder
Em qualquer situação, você sempre tem o poder de escolher sua resposta, mas deve garantir que está fazendo isso livre de pânico, ansiedade ou medo. Quando estiver no meio de uma tempestade furiosa, tente encontrar um lugar e um momento calmos para fazer uma pausa consciente e se acalmar — talvez simplesmente fechando os olhos e respirando lenta e profundamente. Só então você deve decidir como agir e responder ao desafio.

18

SEJA HONESTO
SOBRE SEUS VÍCIOS

Encontre a coragem para superar seus vícios, sejam eles grandes ou pequenos.

Todos nós temos nossos vícios. Eles podem assumir formas diversas e ter magnitudes variadas, embora seja essencial reconhecer que nenhum vício é insignificante demais para poder ser ignorado. Do óbvio ao sutil, cada tipo de vício tem um impacto único em nosso desempenho, bem-estar e relacionamentos.

Compreender as razões existentes por trás de um vício é um passo crucial para o crescimento pessoal saudável. Muitas vezes, nossos hábitos viciantes servem como mecanismos de enfrentamento, proporcionando alívio momentâneo de outros problemas ou estressores subjacentes.

Reconhecer esses padrões nos permite trabalhar em nós mesmos e, dessa forma, recuperar nossa própria autonomia. Portanto, não importa quais sejam seus vícios — mídia social, drogas, pornografia, excesso de trabalho ou algo menos óbvio, como intimidar colegas ou ainda levar indevidamente o crédito pelo trabalho executado por outras pessoas —, reserve um tempo e encontre coragem para explorar como superá-los.

> Todos nós temos vícios,
> mas poucos de nós vão admitir
> e fazer alguma coisa para superá-los.

ENTRE EM AÇÃO

Nomeie seus vícios
A consciência é o primeiro passo em direção à mudança, e ser honesto sobre seus vícios é um ato de autoempoderamento. É reconhecer suas vulnerabilidades, entender as fontes de seus comportamentos e tomar medidas intencionais para criar um conjunto de atitudes mais saudável.

Passe um tempo entendendo as razões mais profundas por trás de seus vícios, explorando se estão ligados a estresse, trauma ou alguma outra necessidade emocional não atendida. Tente identificar as situações ou emoções que desencadeiam seus comportamentos viciantes. Você recorre à bebida ou à pornografia quando se sente sobrecarregado ou muito estressado, por exemplo? Tratar essas causas profundas é crucial para uma mudança duradoura. Você pode precisar de um terapeuta ou conselheiro para ajudá-lo a entender a fundo do que está acontecendo.

Tome medidas corretivas
- Procure substituir comportamentos viciantes por alternativas mais saudáveis. Se é viciado em excesso de trabalho, estabeleça limites e reserve tempo para descanso e lazer; se passa muito tempo nas redes sociais, tente definir um limite de tempo diário para seus aplicativos e use o tempo livre para atividades mais relaxantes ou frutíferas;
- Seja responsável por suas ações, estabelecendo metas realistas e monitorando seu progresso na superação de seus vícios;
- Coloque um sistema de suporte em prática para tornar o processo de superar um vício mais gerenciável. Ter alguém para ajudá-lo a ser responsável e permitir que essa pessoa verifique regularmente seu progresso pode ser essencial para superar seu problema. Se necessário, procure o apoio de grupos como os Alcoólicos Anônimos;
- Se seus vícios estão profundamente enraizados, procure orientação de terapeutas que possam fornecer estratégias personalizadas para ajudá-lo a superá-los.

19

ABRA-SE AO IMPROVÁVEL OU "IMPOSSÍVEL"

> *Tenha a mente mais aberta a coisas que você vê e ouve, e até mesmo àquelas que você não enxerga nem escuta!*

Em um mundo repleto de informações, é fácil descartar ideias que parecem improváveis ou incomuns. Mas e se eu lhe dissesse que algumas das descobertas mais extraordinárias da história já foram consideradas "loucas" ou "impossíveis"? Pense nos momentos em que ideias não convencionais remodelaram o curso da história — a possibilidade de circum-navegar o globo e a existência de continentes inteiros ou a ideia outrora ridicularizada de que a Terra se move em torno do Sol, em vez do contrário. Os eventos ou teorias mais improváveis muitas vezes provaram ser reais... e revolucionários.

A verdade é que ter a mente aberta não é apenas uma qualidade desejável, é fundamental para desbloquear seu potencial inexplorado e descobrir soluções inovadoras para seus desafios. Ao se manter aberto, você se posiciona para ver além do óbvio, ajudando a desenvolver sua criatividade e se adaptar a um mundo em rápida mudança.

Ser aberto não significa aceitar cegamente todas as ideias. É reconhecer que o mundo é complexo e que as possibilidades mais improváveis podem ser a chave para seu sucesso. Portanto, da próxima vez que você se deparar com uma ideia "improvável", mantenha-se aberto.

> Ter a mente aberta de verdade pode levá-lo a descobertas incríveis.

ENTRE EM AÇÃO

Desenvolva a capacidade de manter a mente aberta
- Desafie e questione ativamente suas suposições e noções preconcebidas. Pergunte-se com frequência: "E se eu estiver errado?" Esse simples questionamento pode abrir portas para novas perspectivas. Para ampliar seu entendimento, leia diferentes jornais para obter diferentes pontos de vista e envolva-se em conversas com pessoas de diferentes origens, experiências e crenças;
- Ao avaliar ideias, procure evidências para elas em vez de confirmação de suas crenças existentes. Esteja disposto a aceitar que a ideia "maluca" pode ter uma base racional;
- Curiosidade e mente abertas andam de mãos dadas, e eu o incentivo a abordar a vida com o deslumbramento de uma criança, ansioso por explorar e aprender. Cultive um ambiente — em casa e no seu local de trabalho — que incentive a criatividade, o pensamento "fora da caixa" e uma mentalidade que desafie e subverta o *status quo*;
- Passe um tempo lendo e entendendo exemplos históricos em que afirmações e ideias não convencionais provaram ser verdadeiras ou se tornaram *mainstream*. Esse conhecimento pode ajudar seu cérebro a perceber que o que era aparentemente impossível pode ser verdade.

20

NUNCA PARE DE ACREDITAR NOS OUTROS

Aprenda a confiar de novo, mesmo depois de alguém ter traído seriamente sua confiança.

A confiança é como um fio invisível que nos une em nossos relacionamentos — com família, amigos, colegas, vizinhos e outros além. É um fio que pode levar tempo para crescer e ficar forte, mas, uma vez rompido, pode ser muito difícil de ser reconstruído.

Todos nós já passamos por momentos em que nossa confiança foi testada, perdida ou traída, talvez porque alguém tenha mentido para nós, não tenha cumprido uma promessa ou não tenha feito o que disse que faria. Nossa confiança nos outros está sempre sujeita a ser testada simplesmente porque nós, humanos, cometemos erros e às vezes deixamos os outros na mão. Precisamos ser humildes o suficiente para aceitar a fraqueza humana, entender que a confiança é sempre um projeto contínuo e não algo absoluto, e estar dispostos a trabalhar para continuar construindo-a.

Ao aprender a confiar novamente, mesmo depois de um ato terrível de traição, você desenvolve uma habilidade que pode transformar seus relacionamentos, bem como sua própria paz interior e força. Isso abre a porta para a possibilidade de conexões mais profundas e autênticas.

> A confiança é um ingrediente importante
> para o sucesso na vida;
> nutra-a sempre que possível.

ENTRE EM AÇÃO

Reconheça o que aconteceu
Compreenda as ações ou os eventos específicos que levaram à quebra de confiança com seu colega ou amigo. Seja transparente com os envolvidos e compartilhe seus sentimentos de chateação e mágoa enquanto permite que a outra parte expresse seus motivos, suas perspectivas ou emoções. Aceite um pedido de desculpas quando ele for dado e, se possível, perdoe e siga em frente. (E esteja preparado para pedir desculpas e perdão, se a situação for inversa.)

Pergunte a si mesmo se está pronto para confiar novamente
Depois de reconhecer o que aconteceu, você tem que decidir se precisa ou quer reconstruir seu relacionamento com a outra parte. Esta é uma decisão pessoal que ninguém pode forçá-lo a tomar. Tudo bem se você escolher não confiar naquela pessoa novamente, pelo menos não ainda — você pode estar tão machucado que vai precisar de mais tempo para se curar ou não está pronto para mostrar a vulnerabilidade ou humildade necessárias.

Quando estiver pronto, tome medidas para reconstruir
- A confiança é reconstruída ao longo do tempo, e está tudo bem dar passos pequenos. Você pode até descobrir que o relacionamento nunca voltará ao nível que estava antes de sua confiança ser quebrada;
- Discuta as expectativas e as etapas necessárias para cada um dos envolvidos, para permitir que o relacionamento seja reparado;
- Estabeleça linhas vermelhas ou limites, como quais comportamentos são aceitáveis e quais não são. Isso ajuda a criar um espaço seguro para ambas as partes e reduz os riscos de futuros danos e mal-entendidos.

21

APRENDA A ADMINISTRAR A SOBRECARGA

Coloque em prática técnicas que o ajudarão a aliviar seus fardos.

As obrigações que nos são impostas por nós mesmos, nosso trabalho, família e amigos podem facilmente convergir e nos sobrecarregar. Tenho certeza de que você já teve momentos assim — a sensação de estar sobrecarregado é um tópico muito comum entre meus clientes de coaching.

Todos nós enfrentamos momentos de sobrecarga, não importa se somos executivos ocupados, estudantes esforçados ou pais que ficam em casa equilibrando os filhos com as tarefas domésticas (ou com uma combinação delas!). Cada um de nós pode descrever de forma diferente, mas estamos nos referindo à mesma coisa.

- Estou afogado em responsabilidades;
- Acabo ficando sempre ofegante enquanto corro entre uma tarefa e outra;
- Sinto-me paralisado pela enormidade das coisas com que tenho de lidar;
- Não tenho ideia de por onde começar;
- Sinto que estou com coisas demais.

Não há uma solução simples para fazer esse problema desaparecer como em um passe de mágica, mas tenho algumas dicas e ações práticas para você explorar. Em algum momento ou outro, usei cada uma dessas técnicas com sucesso em minha própria vida, além de incentivar meus clientes de coaching a experimentá-las.

> É bom admitir que se está sobrecarregado e deixar algumas coisas de lado.

ENTRE EM AÇÃO

Saiba que é saudável resolver o problema
Sentir-se sobrecarregado não é sinal de fracasso, mas uma oportunidade de reavaliar, recalibrar e superar as demandas que estão sendo colocadas sobre você. Ao aceitar sua sobrecarga, você se equipará com a resiliência para enfrentar os desafios futuros.

Priorize com propósito
Identifique tarefas que requerem atenção imediata e aquelas que podem ser adiadas. Você pode tentar o conhecido método de priorizar tarefas com base na urgência *versus* importância. Seu objetivo é sempre focar energia onde mais importa e aceitar que não pode fazer tudo de uma vez.

Divida tarefas em minitarefas
Pode ser assustador quando se está enfrentando uma tarefa grande ou um desafio, pois você pode não saber por onde começar. Tente dividir a tarefa em etapas menores e gerenciáveis, e aborde-as uma de cada vez. Isso tornará todo o processo mais digerível e lhe dará uma sensação de realização à medida que você realiza cada minitarefa.

Aprenda com os outros
Procure o apoio e os insights daqueles que enfrentaram fardos semelhantes aos seus. Explore com eles como você pode reduzir, eliminar, ignorar ou atrasar algo que atualmente o sobrecarrega. Você descobrirá que falar do problema o fará se sentir melhor.

Compartilhe o fardo
Quando possível, peça ajuda, delegando tarefas a outras pessoas, seja no trabalho ou em casa. Compartilhar a carga é uma maneira rápida de aliviar seu fardo.

22

SAIBA QUE SUA GRAMA TAMBÉM É VERDE

| *Pare de se comparar aos outros.*

Na atual era das redes sociais, podemos analisar a vida de outras pessoas o tempo todo, então é muito fácil olhar para o lado e acreditar que a grama do vizinho é mais verde. O fluxo ininterrupto de fotos editadas e histórias de sucesso pode nos deixar nos sentindo inadequados, com inveja e questionando nossa própria vida. É muito fácil esquecer que esses vislumbres não contam toda a história, e que estamos apenas vendo os destaques. Ao nos comparar constantemente com outras pessoas, subestimamos e até ignoramos nossos próprios sucessos e nossas conquistas.

Sua jornada para a realização pessoal não está em se comparar às realizações dos outros, mas em celebrar você como uma pessoa única — alguém com seus próprios desafios e triunfos. Não se trata de uma competição com os outros, mas de abraçar quem você é e apreciar plenamente suas conquistas. É cuidar e nutrir sua própria grama. Como o famoso filósofo francês Voltaire escreveu: "Devemos cultivar nosso jardim".

> A única grama que importa e que precisa ser cuidada é a sua.

ENTRE EM AÇÃO

Celebre suas vitórias
Reconheça suas conquistas, grandes e pequenas. Você pode fazer isso escrevendo todos os dias três coisas pelas quais é grato e reunindo essas

listas em um diário de gratidão. Essa prática mudará rapidamente seu foco das coisas que faltam para a abundância que já está presente em sua vida.

Defina seu sucesso
Reserve um tempo para definir o que é sucesso em suas próprias palavras. Essa definição deve refletir o que importa para você, em vez dos padrões, das expectativas e conquistas de outras pessoas. Exiba sua definição pessoal de sucesso em algum lugar que você possa facilmente ver, na tela inicial do seu celular ou acima da sua mesa: sempre que sentir que está ficando verde de inveja, dê uma olhada nela.

Fale positivamente no espelho...
Desenvolva algumas afirmações positivas que reforcem seu valor e sua singularidade. Exemplos incluem dizer a si mesmo: "Tenho tudo de que preciso", "Estou contente com o que estou fazendo e com as metas nas quais estou trabalhando". Ao repetir essas afirmações, você reestrutura sua autopercepção e reduz o impacto e a influência que outras pessoas têm sobre você.

... e fale positivamente sobre os outros
Reconheça e celebre os sucessos das pessoas ao seu redor. Esse pequeno ato de elogiar cria um ambiente de apoio, seja em casa ou no trabalho, onde a grama de todos pode florescer lado a lado com a sua.

23

DESCUBRA O QUE MOTIVA VOCÊ

| *Identifique e siga suas paixões.*

Compreender pelo que você é apaixonado é descobrir a razão fundamental ou o propósito da sua existência. Pode orientar suas escolhas, influenciar seus objetivos, moldar quem você se torna e o legado que deixa para trás. As pessoas mais bem-sucedidas são aquelas que conseguiram alinhar suas escolhas de vida e carreira com algo pelo que são apaixonadas. Ao fazer isso, elas ganham um senso de realização e direção.

Identificar suas paixões é como descobrir uma fonte de energia que o impulsiona em direção aos seus objetivos. Em geral, são aquelas atividades, comportamentos e experiências que acendem seu entusiasmo, alimentam sua motivação e transformam suas tarefas diárias em realizações gratificantes. No meu trabalho de coaching, ajudar meus clientes a descobrir o que lhes inflama a alma é fundamental para seu crescimento pessoal e para criar um senso de realização na vida deles.

> Encontrar sua paixão e seu propósito abre sua vida para possibilidades incríveis.

ENTRE EM AÇÃO

Encontre suas paixões...
Praticando as seguintes dicas, você chegará mais perto de descobrir seu propósito e suas paixões.

- Identifique momentos que o fazem sentir vivo e o enchem de entusiasmo e energia. Em geral são aquelas atividades em que o tempo parece voar porque você está muito imerso no fluxo do que está fazendo;
- Experimente coisas novas que o atraem, como participar de workshops, ler diferentes tipos de livros ou se envolver em hobbies ou esportes ainda não experimentados;
- Identifique seus valores fundamentais — suas paixões e seu propósito muitas vezes estão interligados com o que você valoriza na vida;
- Mais importante, evite expectativas impostas pela família, colegas ou sociedade em geral — talvez sobre como você passa seu tempo livre ou como escolhe uma nova carreira;
- Seja paciente consigo mesmo — descobrir o que você ama e pelo que é apaixonado pode levar tempo.

... e vá atrás delas

Paixão sem ação é como uma chama sem oxigênio — ela se apaga rapidamente. É crucial dar vazão a suas paixões, não importa quão pequenos sejam os passos que você dá para explorá-las.

24

VALORIZE SEU TEMPO

| *Aproveite ao máximo seu tempo.*

O tempo é o bem mais valioso que você possui, e aprender a valorizá-lo é essencial porque, uma vez gasto, ele nunca pode ser recuperado. Quando reconhecer essa verdade, você sentirá urgência em usar seu tempo de maneiras que se alinhem com seus objetivos, valores e aspirações mais profundos.

Valorizar seu tempo vai além de ser bom em gerenciamento básico de tempo — é uma decisão consciente de priorizar atividades que contribuam significativamente para sua vida. É uma mudança de mentalidade que envolve distinguir entre tarefas que parecem urgentes e importantes hoje e aquelas que se alinham com seus objetivos e sua visão de longo prazo. Ao se concentrar em atividades que realmente importam, você não só aumentará sua produtividade, mas também cultivará um sentimento de realização e propósito em sua vida.

> Usar seu tempo sabiamente
> é a chave para uma vida plena.

ENTRE EM AÇÃO

Priorize com propósito
Compreenda seus objetivos e valores, e sempre tente alinhar suas tarefas diárias com essas metas gerais, priorizando suas tarefas de uma maneira que reflita suas necessidades e aspirações, tanto pessoais quanto profissionais.

Identifique desperdiçadores de tempo
Em sua rotina, identifique e elimine aquelas tarefas ou situações que drenam seu tempo sem retornos significativos. Recuse com educação, mas com firmeza, pedidos que não se alinhem com suas prioridades. Aprender a dizer "não" é libertador e cria limites que lhe deixam tempo para se concentrar em tarefas que realmente importam.

Trabalhe de forma inteligente
Tente dividir seu dia em blocos de tempo focados (por exemplo, de trinta ou sessenta minutos), e dedique blocos específicos às suas tarefas mais importantes, sem permitir distrações. Além disso, utilize ferramentas e tecnologia para ajudar a gerenciar como você usa seu tempo — desde aplicativos de gerenciamento de tarefas até lembretes de calendário.

25

SEJA UM OUVINTE ENGAJADO E ATIVO

| *Tente ouvir o que os outros estão dizendo – e o que não estão.*

A arte de ouvir os outros é a base de interações e relacionamentos significativos. Pense nisto: você se sentiria próximo de alguém no trabalho ou em sua vida pessoal se essa pessoa nunca parecesse ouvi-lo?

Ouvir de verdade vai além do ato físico de escutar palavras. Envolve imergir no mundo do orador, entendendo suas emoções e reconhecendo suas perspectivas. Quando ouve profunda e intencionalmente, você mostra aos outros que as palavras deles importam, que *eles* importam, o que por sua vez cria espaço para comunicação autêntica, respeito e relacionamentos empáticos emergirem. Conforme você se torna um ouvinte mais profundo e engajado, as pessoas se abrirão e falarão de forma mais autêntica, o que aprofundará ainda mais seus relacionamentos.

Apreciar o poder transformador da escuta é relativamente fácil; a parte mais difícil é fazer isso bem e de maneira consistente.

> As pessoas vão amá-lo quando perceberem que você ouve profundamente o que elas estão comunicando.

ENTRE EM AÇÃO

Torne-se alguém capaz de uma escuta profunda e intencional
- Quando alguém falar com você, silencie seu diálogo interno e deixe de lado a vontade de formular sua resposta enquanto a outra

pessoa ainda estiver falando. Trata-se de criar um espaço mental onde você possa absorver o que está sendo dito;
• Demonstre seu comprometimento com a escuta por meio de gestos não verbais, como manter contato visual, acenar com a cabeça em concordância ou posicionar seu corpo diretamente em direção ao orador. Esse tipo de linguagem corporal positiva transmite de maneira poderosa sua presença e atenção;
• Esteja preparado para resumir ao orador o que você ouviu. Ao fazer isso, não imite nem ecoe (o que só irritará), mas use palavras diferentes. Isso fará com que a outra pessoa se sinta ouvida, demonstrará seu engajamento ativo e confirmará sua compreensão da mensagem pretendida;
• Incentive o orador a aprofundar seus pensamentos e sentimentos fazendo perguntas abertas. Isso pode aprofundar a conversa, ao mesmo tempo que mostra seu interesse genuíno;
• Nunca interrompa. Em vez disso, deixe o orador se expressar completamente antes de responder. Interrupções atrapalham o fluxo da comunicação e podem sinalizar que você não se importa muito com o que a outra pessoa está tentando compartilhar;
• Metaforicamente, entre na pele do orador, tentando sentir e compreender os sentimentos e as experiências por trás de suas palavras;
• Esteja totalmente presente no momento, dando foco total ao orador. Isso pode ser difícil se a pessoa fala por um longo tempo ou se você está em um ambiente ocupado e propenso a distrações, como um escritório. Para ajudar vocês dois a permanecer presentes e focados, faça pequenos gestos, como acenar com a cabeça ou sorrir, ou dizer coisas como "Mmm", "Bom ponto", "Concordo" ou "Interessante" enquanto a pessoa está falando com você.

26

PARE DE VIVER
PARA TRABALHAR

| *Trabalhe para viver, em vez de viver para trabalhar.*

Passamos os melhores anos da vida adulta sacrificando tempo pessoal, saúde e relacionamentos em nome de carreira e sucesso profissional. É tão fácil nos envolvermos no redemoinho de trabalho e nos encontrarmos presos ao escritório. A vida é mais do que as horas que passamos trabalhando. Permitir que o trabalho nos consuma é um caminho que raramente tem um final feliz.

Quando envelhecemos, é improvável que nossas conquistas profissionais e promoções no trabalho estejam no topo de nossa lista de memórias. Em vez disso, relembraremos momentos compartilhados com entes queridos e as simples alegrias que tornaram nossa vida digna de ser vivida. Acho improvável que alguém em seu leito de morte deseje ter passado mais tempo no escritório ou mesmo em seu notebook de trabalho!

Reconhecer a importância do equilíbrio entre vida profissional e pessoal é o primeiro passo para recuperar o controle de seu tempo e da sua energia. Também pode melhorar sua saúde mental e física e sua produtividade. Mais importante ainda, garante que você terá uma vida mais satisfatória e significativa.

> Quanto mais cedo você parar de viver
> para trabalhar, mais cedo pode começar
> a viver de verdade.

ENTRE EM AÇÃO

Saiba o que é importante em sua vida
Reserve um momento para pensar e escrever uma lista de todas as áreas da vida que são importantes para você. Todos somos únicos, mas em geral essas áreas incluirão:

Riqueza e finanças	Saúde e exercícios
Relacionamentos íntimos (parceiros, filhos)	Família ampliada
Hobbies e passatempos	Viagens e passeios
Ficar sozinho (lendo, refletindo etc.)	Aprendizado e estudo
Vida profissional atual	Caminho profissional
Trabalho voluntário e comunitário	Amigos
Aposentadoria	Descanso e sono

Pode ser útil colocar os itens da lista em uma hierarquia pessoal de importância, numerando-os de 1 em diante, sendo 1, é claro, o mais importante. Isso o ajudará a priorizar as áreas que mais importam para você.

Determine se você precisa de um reequilíbrio trabalho-vida
- Pergunte a si mesmo quais áreas são mais importantes para seu bem-estar e sensação de realização;
- Em seguida, avalie o quanto está satisfeito em cada área e reflita sobre os motivos pelos quais não sente que as coisas estão em equilíbrio. Isso pode envolver explorar os motivos para você não encontrar tempo para se exercitar na academia, para trabalhar demais, não tirar férias ou não arranjar tempo suficiente para seus hobbies porque seus fins de semana estão cheios de compromissos familiares;
- Comece com as partes mais importantes de sua vida e determine o que você deve (1) parar de fazer, (2) começar a fazer ou (3) fazer de maneira diferente. Transforme suas respostas em uma lista de tarefas de equilíbrio trabalho-vida;

- Trabalhe nesta lista semanalmente e peça a seu parceiro ou a um amigo próximo que o cobre em relação ao seu progresso;
- Reconheça e celebre seus sucessos, como concluir um curso, tirar todos os dias de férias acumuladas ou frequentar aulas de ioga duas vezes por semana por três meses.

27

SAIBA QUE
KARMA EXISTE

| *Aja positivamente e colha os frutos.*

A vida tem uma maneira fascinante de conectar nossas ações com suas consequências. Realmente colhemos o que plantamos. Vamos pensar nisso como se nossas ações, palavras e intenções enviassem ondas para o universo, moldando o curso da nossa vida e da vida daqueles ao nosso redor de maneiras que talvez não compreendamos imediatamente. A energia que emitimos volta para nós, muitas vezes quando menos esperamos.

- Você sorri e age positivamente o tempo todo, então as pessoas se animam e agem positivamente quando estão perto de você;
- Você parece incapaz de confiar em outras pessoas, mas fica perplexo com o motivo pelo qual os outros desconfiam de você;
- Você raramente se oferece para pagar o almoço ou um café para colegas, e depois se pergunta por que raramente recebe convites para comer com eles;
- Você tem o hábito de trapacear em coisas como suas despesas de trabalho, mas fica com raiva quando as pessoas o enganam com dinheiro.

A vida é complexa e difícil de entender, e nunca saberemos com certeza como as coisas se conectam, mas pelo menos esteja preparado para reconhecer a interconexão entre todas elas. Prepare-se para abraçar os possíveis impactos inesperados e efeitos cascata que suas ações possam causar.

Como um jardineiro entusiasta, gosto da analogia de que devemos estar atentos às sementes que plantamos ao nosso redor — elas podem florescer como belas flores ou crescer como ervas daninhas irritantes e invasoras. Ao semear, de maneira consciente, sementes de positividade e bondade, você não apenas ajuda seu próprio futuro a florescer, mas também o do mundo inteiro.

> Tudo o que vai volta – cuidado!

ENTRE EM AÇÃO

Cultive um karma positivo
Mesmo que acreditar em karma não seja fácil, pratique as sugestões a seguir. No mínimo, você criará um ambiente muito positivo ao seu redor.

- Seja íntegro em todas as suas ações, deixando a honestidade e a autenticidade guiarem suas escolhas. Lembre-se sempre de que uma fundação construída sobre verdades é mais firme do que uma baseada em mentiras;
- Trate os outros com gentileza e compaixão, reconhecendo que cada interação é uma oportunidade de espalhar sementes de boa vontade. A gentileza por você oferecida voltará para você de alguma forma;
- Cultive intenções positivas em tudo o que você faz. Quando suas ações são movidas por um desejo genuíno de elevar e contribuir, o mundo e as pessoas ao redor responderão com gentileza;
- Seja consciente das escolhas que faz, parando antes de reagir e considerando os possíveis impactos de qualquer escolha disponível. Como regra geral, escolha o caminho que mais se alinha com seus valores e princípios;
- Deixe de lado emoções e pensamentos negativos. Eles podem fazer com que aqueles ao seu redor ajam negativamente;
- Encontre tempo para se envolver em ações que contribuam positivamente para o mundo ao seu redor. Pode ser algo tão trivial quanto pegar um lixo no chão ou sorrir para um transeunte — todas as suas ações importam.

28

JOGUE FORA SUAS MÁSCARAS

| *Deixe o seu verdadeiro eu brilhar.*

É hora de abandonar as máscaras metafóricas que usamos — essas fachadas cuidadosamente construídas que colocamos para nos ajudar a nos encaixar. Durante meus anos de coaching, observei muitas máscaras diferentes (tenho certeza de que você também as viu):

- Fingir gostar da companhia, da conversa ou das atividades de uma pessoa quando você não gosta ou é indiferente a ela;
- Agir com calma e confiança, como uma forma de esconder suas inseguranças e vulnerabilidades;
- Concordar com os outros para evitar parecer diferente;
- Interessar-se em um tópico ou tarefa de trabalho quando se sente entediado;
- Fingir ser conhecedor ou sofisticado para se encaixar.

Ao remover essas camadas de fingimento, permitimos que sejamos vistos e compreendidos do jeito que somos autenticamente. Quando foi a última vez que os outros viram o seu verdadeiro eu?

Autenticidade não é mostrar perfeição — é ser real, com todas as suas falhas e fraquezas. É preciso coragem e humildade para revelar as próprias vulnerabilidades, mas, ao fazer isso, encontrará um tipo único de poder: o poder que vem de ser inquestionável e autenticamente você. À medida que revela seu verdadeiro eu, você criará um ambiente que convida os outros a fazerem o mesmo. E quanto mais real e autêntico você se permitir ser, mais profundas serão as conexões que forjará e mais satisfatória será sua vida.

> Fingir ser alguém pode tornar a vida mais fácil, mas é uma vida desperdiçada sendo falso e artificial.

ENTRE EM AÇÃO

Seja vulnerável e imperfeito
Aprecie o fato de que sua autenticidade reside em sua capacidade de abraçar suas falhas e mostrar suas vulnerabilidades — são elas que o tornam quem você é. Abraçar a vulnerabilidade começa com aceitar suas emoções, sentimentos, preocupações, medos e inseguranças. Isso significa reconhecer *todos* os seus sentimentos, não importa se são tristes, alegres ou perturbadores, e reconhecer que está tudo bem não se sentir bem.

Pare de se importar com o que os outros pensam de você
Pare de se preocupar com o que outras pessoas dizem ou pensam a seu respeito. Deixar de lado o medo do julgamento não é fácil (e levará tempo), mas é uma coisa muito saudável de se fazer. Da próxima vez que começar a ficar ansioso com o que um colega está dizendo sobre você ou com o que um familiar está pensando sobre você, reconheça que o que eles escolherem dizer e pensar é problema deles, não seu. Seus pensamentos e comentários refletem apenas quem eles são, não quem você é.

Celebre o seu verdadeiro eu
Abrace o que o torna único, celebrando suas peculiaridades, forças e paixões. Fale sobre o seu verdadeiro eu com outras pessoas e expresse seu sincero apreço pelos que estão ao seu redor que apoiam e reconhecem o seu verdadeiro eu — o "você" sem nenhuma máscara.

29

RECONHEÇA O SEU VALOR

| *Reflita e cultive seus valores fundamentais.*

Nossos valores são as qualidades e os princípios fundamentais que definem quem somos, moldando nossas decisões, ações e a vida que levamos. São a bússola que nos guia através das complexidades da tomada de decisões, ajudando-nos a navegar nos relacionamentos, nas escolhas de vida e no nosso crescimento pessoal.

Reconhecer seus valores principais ou fundamentais é o primeiro passo para alinhar sua vida com o que realmente importa para você. Conhecê-los permite que você tome decisões que se alinham com o seu verdadeiro eu.

Seus valores são aquelas coisas que são importantes para você: as coisas que você deseja, busca, precisa e/ou desfruta na vida. Os meus incluem querer colocar minhas ideias no papel, viajar, ser um indivíduo e crescer. Eu me pergunto quais são os seus. Aqui estão alguns dos valores mais comuns:

- Abertura
- Alegria
- Amizades
- Amor
- Aprendizado
- Autonomia
- Autoridade
- Autorrespeito
- Bondade
- Calma
- Comunidade
- Conhecimento
- Conquista
- Contribuição
- Crescimento
- Criatividade
- Curiosidade
- Desafio

- Determinação
- Diversão
- Elegância
- Equilíbrio
- Espiritualidade
- Estabilidade
- Ética
- Experiência
- Fama
- Fé
- Felicidade
- Firmeza
- Harmonia interior
- Honestidade
- Humor
- Influência
- Integridade
- Justiça
- Lealdade
- Liderança
- Otimismo
- Persistência
- Popularidade
- Reconhecimento
- Reputação
- Resiliência
- Respeito
- Responsabilidade
- Riqueza
- Segurança
- Servir ao próximo
- Status
- Trabalho significativo

Descobrir e abraçar seus valores é uma jornada poderosa que vai guiá-lo em direção a uma vida rica em propósito e significado. A seguir, eu o ajudarei a descobrir os seus.

> Seus valores são a base de sua vida, e você precisa conhecê-los e trabalhar com eles.

ENTRE EM AÇÃO

Identifique seus valores
Reflita sobre momentos que lhe trouxeram alegria ou frustração. Quais princípios estavam em jogo? O que o irritou em alguém ou em algo? O que o encantou?

Em geral, seus valores surgem durante momentos de emoção intensa, por isso podem fornecer insights valiosos. Por exemplo, você pode ter ficado muito chateado durante os *lockdowns* da covid, por não poder viajar para o exterior, então isso pode ser um sinal de que viajar (e experimentar outras culturas) é um valor muito importante para você.

Ou a raiva que sente de um colega que está tomando crédito pelo seu trabalho pode indicar que você dá grande valor à integridade.

Reserve um tempo para listar todos os valores possíveis que sejam marcantes você, e depois tente priorizá-los com base em quais você não gostaria de viver sem.

Trabalhe com seus valores fundamentais, não contra eles

- Conhecer seus valores fundamentais pode ajudá-lo a escolher seu trabalho ou carreira ideal e evitar aqueles que não se alinham com eles. As atividades, tarefas e funções que mais ressoam com seus valores fundamentais são aquelas que você terá mais satisfação e conforto em realizar. Você pode valorizar recompensas financeiras, então um emprego em finanças ou gestão de patrimônio pode ser mais adequado para sua perspectiva, ou talvez valorize servir ao próximo, então uma carreira em trabalho social pode se alinhar bem com seu ser fundamental;
- Quando confrontado com escolhas importantes, consulte sempre seus valores fundamentais. Seja em sua carreira, relacionamentos ou rotinas diárias, alinhar seus valores com suas opções pode ajudá-lo a tomar decisões melhores.
- Seus valores ajudam a definir seus limites, portanto, esteja pronto para comunicá-los claramente aos outros para ajudar a promover o entendimento de quem você é e o que você quer e não quer;
- Entender e abraçar seus valores não é um exercício único, mas um processo contínuo de autodescoberta e crescimento. À medida que evolui e ganha novas experiências de vida, reconheça que seus valores também evoluirão.

30

PARE DE CULPAR OS OUTROS PELOS SEUS PROBLEMAS

| *Aceite que você tem controle sobre sua vida.*

É muito fácil sentir (ou fingir) que não estamos no controle da nossa vida; que estamos à mercê dos acontecimentos ao nosso redor, como o clima, greves, empresas falindo, trens quebrando, alguém morrendo, mercados despencando ou parceiros nos deixando. Claro, eventos externos nos impactam, mas não somos simplesmente espectadores passivos — estamos no comando através das escolhas que fazemos e a maneira como reagimos.

Reserve um momento para pensar sobre o incrível número de escolhas que você faz todos os dias, e mesmo a cada momento. Suas ações, palavras, gestos, decisões, pensamentos, crenças, intenções, aspirações, metas e sonhos são todos, em algum nível, escolhas suas. Reconhecer essa verdade é crucial para evitar sentir impotência diante dos altos e baixos da vida e ganhar uma sensação de controle. Até mesmo seus desafios e contratempos são oportunidades para tomar decisões (com sorte, boas).

Os sucessos de amanhã são simplesmente um reflexo das escolhas que foram feitas hoje, por isso é essencial que essas decisões sejam tomadas com cuidado.

> É fácil culpar os outros, mas, para crescer,
> você precisa assumir a responsabilidade
> pelos seus altos e baixos.

ENTRE EM AÇÃO

Entenda suas escolhas
Para garantir que você faça escolhas intencionais e ótimas, seja honesto consigo mesmo. Isso envolve explorar os motivos, valores, preconceitos e as aspirações que guiam suas decisões. Não se surpreenda ao descobrir que às vezes você faz escolhas por razões irracionais ou aleatórias.

Pode ser útil manter um diário no qual você reflita sobre decisões recentes que tomou. Anote o que o levou a fazer essas escolhas e até que ponto você se sente confortável com os resultados de cada uma.

Veja cada escolha como uma oportunidade...
Encare cada decisão que precisa tomar como um momento para crescer e aprender. Ter uma mentalidade de crescimento permite que você seja um participante ativo em seu próprio processo de tomada de decisões, e aumenta a consciência de que está no controle de sua vida.

... e assuma cada uma delas, boas ou ruins
Assumir suas escolhas é mais do que apenas reconhecer aquelas que deram certo. Também é assumir a responsabilidade por aquelas que se provaram erradas.

31

ULTRAPASSE O SINAL VERMELHO

Siga as regras, mas esteja preparado para quebrá-las também.

Dar o mergulho sem esperar permissão pode ser uma das chaves para se chegar ao sucesso. É claro que não se trata de ser imprudente, mas sim de confiar em seus instintos e abraçar a crença de que, às vezes, a recompensa vale o risco. Também é reconhecer as limitações do pensamento excessivo, do planejamento redundante e da espera por várias aprovações. Esse é particularmente o caso quando uma oportunidade tem vida curta e é só tomando decisões rápidas que o sucesso pode acontecer.

Isso requer uma mudança profunda de mentalidade — uma mudança para estar disposto a tomar decisões ousadas, quebrando as regras, aventurando-se em territórios desconhecidos e buscando perdão após o acontecido, em vez de sempre esperar por permissão antes de agir.

Sei por experiência pessoal que é difícil começar a tomar decisões tão ousadas. Fui educado para sempre esperar receber autorização para fazer algo: deixar a mesa de jantar, por exemplo, ou dar minha opinião na sala de aula. A maioria das pessoas é como eu e, como consequência, é retida por medo de cometer erros, ser repreendida ou enfrentar rejeição. Parte da mudança de mentalidade necessária é reformular seu pensamento para entender que erros são parte do processo de aprendizado, que buscar perdão é uma forma de coragem e que podemos nos libertar de sempre esperar e sermos excessivamente cautelosos.

> Se sempre esperar o sinal verde,
> você perderá muitas oportunidades.

ENTRE EM AÇÃO

Bagunce um pouco as coisas
Desafie qualquer tendência a se apegar a maneiras estabelecidas de fazer as coisas apenas por não querer incomodar as pessoas ou quebrar as regras. Em vez disso, tente se acostumar com o fato de que nem toda decisão requer a aprovação dos outros, e que, às vezes, esperar por permissão pode resultar na perda de uma oportunidade importante. Pergunte a si mesmo qual é o pior que poderia acontecer se você não pedir o sinal verde do seu chefe ou parceiro.

Equilibre a ousadia com o *timing*
Ultrapassar o sinal vermelho metafórico não significa agir de forma impensada ou com imprudência. É avaliar os riscos envolvidos, adotar uma abordagem cuidadosa e calculada e entender que o *timing* é crucial. Cada vez que tiver a oportunidade de agir, analise os prós e os contras da situação para ajudar a administrar o delicado equilíbrio entre fazer algo agora ou depois.

Busque o perdão intencionalmente
Em vez de esperar ser repreendido por um colega ou membro da família por agir tão rapidamente ou sem consultá-los, seja proativo e informe-os do que você fez, explicando por que ultrapassou o sinal.

32

MANTENHA AS TRADIÇÕES EM UM MUNDO INCERTO

| *Participe de rituais consagrados pelo tempo.*

Nossas tradições e nossos ritos de passagem nos conectam a algo maior do que nós mesmos: refletem ricas histórias de celebrações culturais, rituais sazonais e pausas para momentos-chave da vida. Eles fornecem um senso de continuidade enquanto navegamos em um mundo cada vez mais caótico e incerto.

Faça uma pausa por um momento e reflita sobre as festividades ou rituais que preenchem seu calendário: Natal, Eid Al Adha, Ano-Novo Lunar, solstício de verão, Hanukkah ou Festival das Luzes; sem contar os aniversários, casamentos e, infelizmente, funerais que pontuam nosso ano. Todos são momentos para fazer uma pausa, refletir e celebrar. Eu o encorajo a abraçá-los, reconhecendo que esses momentos nos ancoram em algo maior do que nós mesmos e nossa vida cotidiana.

O risco é que, na agitação diária, acabemos deixando isso de lado e subestimando sua importância, ou simplesmente confiamos em parabéns digitais por meio de postagens no Facebook ou mensagens no WhatsApp. Corremos o risco de perder os efeitos nutritivos e energizantes da participação física: das risadas e alegria, da dança e do canto, da comida e bebida consumidas juntos e das histórias e sabedoria compartilhadas.

> Nossas tradições fornecem uma base que nos ajuda a lidar com nossas vidas ocupadas e estressantes.

ENTRE EM AÇÃO

Participe pessoalmente
Participe ativamente, compareça e se envolva sempre que puder, reservando tempo para imergir por completo em refeições festivas, eventos, serviços e outras atividades. Pare de dar desculpas, de dizer que está muito ocupado, cansado, com preguiça ou que é muito introvertido para participar.

Amplie suas experiências culturais
Explore a riqueza das tradições culturais além da sua própria, aprendendo e, se possível, participando dos eventos, rituais e das celebrações de diferentes tradições religiosas ou culturas. Por exemplo, minha esposa e eu somos cristãos, mas realizamos uma cerimônia, com a presença de familiares e amigos, em um templo hindu para marcar nosso décimo aniversário de casamento.

Crie rituais significativos
Além das tradições estabelecidas como o Natal ou o Eid, por que não tentar criar seus próprios rituais significativos? Seja um jantar familiar semanal, um retiro anual ou um tempo de reflexão pessoal, experimente esses eventos para ajudar a ancorar e energizar você e aqueles ao seu redor. Isso aproximará sua família, seus amigos ou seus colegas.

Envolva seus filhos
Pense em si mesmo como um portador temporário da tocha do patrimônio e das tradições de sua família e comunidade, e reserve um tempo para compartilhá-los com seus filhos e outros jovens. Por exemplo, faça da montagem da árvore de Natal ou do preparo da refeição para quebrar o jejum do Eid uma atividade familiar. Organize uma oficina de pintura de ovos em sua cidade ou faça lanternas do Festival das Luzes com seus filhos.

33

PREPARE-SE PARA SER IMPOPULAR

| *Prefira a autenticidade em vez da aprovação.*

Muitas pessoas medem seu valor e sua autoestima pelo número de curtidas e seguidores nas redes sociais, ou pelos sinais de aprovação e aceitação que recebem em situações sociais. Essa busca por amor e aceitação universais pode ser exaustiva, levando-nos a reter nossos pensamentos e sentimentos ou a fazer escolhas exclusivamente para agradar aos outros. Viver sem autenticidade, em busca de popularidade, não é modo de viver a vida.

A verdade é que nem todo mundo vai ressoar com o seu verdadeiro eu, e há uma imensa liberdade e poder em aceitar esse fato. Reconhecer que está tudo bem com o fato de que nem todo mundo o ame ou mesmo que goste de você é muito catártico. Isso lhe dá a liberdade de viver e expressar suas opiniões, valores e crenças sem a preocupação constante de ser rejeitado ou desgostado.

Quando você deixa de lado a necessidade de ser universalmente popular, buscando sempre a aprovação alheia, e, em vez disso, abraça seu verdadeiro eu, seus relacionamentos florescem, em especial com aqueles que o apreciam por suas qualidades únicas. Construir relacionamentos baseados na autenticidade pode ajudá-lo a levar uma vida mais satisfatória.

> Deixar de viver para agradar os demais deixará você aberto para uma vida mais autêntica.

ENTRE EM AÇÃO

Observe suas palavras e ações
Preste atenção aos momentos de seu dia em que é tentado a dizer, concordar ou fazer algo que não esteja alinhado com suas crenças, valores ou sentimentos. Faça uma pausa nesses casos e pergunte a si mesmo: "O que eu realmente sinto ou penso e o que gostaria de expressar?" Reúna coragem para ser autêntico e resistir a qualquer desejo de conformidade. Cada vez que faz isso, você aumenta sua força interior e reforça sua capacidade de ser fiel a si mesmo.

Abra espaço para relacionamentos significativos
Prepare-se para reações variadas, em especial daqueles que podem ficar surpresos com sua recusa em se conformar. Quando você não mais diz ou faz coisas apenas para se encaixar, algumas amizades podem desaparecer, mas aquelas que permanecem ou as novas que surgirem provavelmente serão mais significativas. Aprenda a valorizar relacionamentos com aqueles que apreciam e valorizam genuinamente seu eu autêntico.

34

CONCENTRE-SE EM SEUS PONTOS FORTES

> *Você sempre terá fraquezas, mas são suas forças que importam.*

Seu sucesso é construído sobre seus pontos fortes. Compreendendo-os, desenvolvendo-os e usando-os bem, você pode se impulsionar em direção aos seus objetivos. Se deseja atingir seu verdadeiro potencial, certifique-se de que seus pontos fortes sejam desenvolvidos e utilizados de forma otimizada.

Se nossos pontos fortes são tão importantes, por que, então, gastamos tanto tempo preocupados com nossas fraquezas? Muitos de nós somos modestos e não queremos alardear o que fazemos bem, preferindo falar sobre o que nos falta.

Além disso, vivemos em uma cultura de feedback em que somos incentivados a conhecer nossas fraquezas e trabalhar para eliminá-las — podemos, por exemplo, fazer um curso de capacitação para superar a timidez ou a procrastinação, ou contratar um coach para corrigir nossa falta de criatividade ou tendência a ficar com raiva. O resultado? A pessoa média gasta mais tempo superando suas fraquezas do que cultivando seus pontos fortes.

Isso é um erro. Sim, é importante saber quais de nossas áreas mais fracas pode estar nos atrapalhando e ficarmos prontos para eliminá-las como barreiras ao nosso sucesso. Mas muitas de nossas fraquezas são simplesmente qualidades que nunca usamos ou praticamos e das quais, em última análise, não precisamos. Compare isso com os pontos fortes — estes são nossos hábitos e comportamentos que somos bons em fazer.

Aborde as fraquezas que o atrapalham, certamente, mas passe mais tempo cultivando e praticando seus pontos fortes. Manter nossos pontos fortes é uma maneira direta de elevar nosso desempenho e aumentar nossa confiança.

> Trabalhar com seus pontos fortes é muito mais produtivo do que trabalhar com os pontos fracos.

ENTRE EM AÇÃO

Conheça seus pontos fortes
Pense em quais de seus muitos hábitos, comportamentos, habilidades e qualidades definem quem você é, e pergunte em quais deles você realmente é bom. Não seja tímido ou modesto e, se necessário, pergunte a outras pessoas o que elas veem como seus pontos fortes.

Para ajudar a descobrir seus pontos fortes, pense em quais qualidades estiveram por trás de seus sucessos na vida. Foi sua persistência, gentileza, atenção aos detalhes, conhecimento de francês, habilidades de TI ou suas habilidades de apresentação que lhe permitiram concluir suas tarefas bem ou se destacar na multidão?

Esteja aberto para desenvolvê-los
Uma vez que identificou seus pontos fortes, dê a eles algum cuidado e atenção, decidindo quais precisam ser aprimorados por meio de aprendizado, treinamento ou prática intencional no trabalho.

Entenda quais fraquezas precisam de atenção
Reconheça suas fraquezas, mas não se preocupe em transformá-las todas em pontos fortes. Não dê atenção a elas a menos que tenha fraquezas que devem ser superadas para garantir seu crescimento pessoal e realização de seus objetivos. Dê alguma atenção a essas fraquezas específicas, mas ignore suas outras áreas mais fracas. Isso garante que a maior parte de sua energia esteja concentrada em seus pontos fortes.

35

CUIDADO:
NADA VEM DE GRAÇA

> Fique de olho em qualquer coisa que pareça ser boa demais para ser verdade.

Ao longo da vida, aprendi uma lição direta: os brindes genuínos são escassos e, mesmo assim, raramente vêm sem custos ou riscos ocultos. Por meio do meu trabalho de coaching, ouvi tantas histórias de oportunidades aparentemente gratuitas que acabaram sendo caras:

- Você participa de um evento gratuito, só para descobrir custos ocultos, como a necessidade de pagar para ficar até o final da apresentação ou mesmo para poder ver o palco;
- Você usa Wi-Fi gratuito, mas, ao fazê-lo, descobre que seus dados do celular foram minerados ou que outras práticas de invasão de privacidade ocorreram;
- Você compra uma casa por preço de barganha em um leilão, só para descobrir que a propriedade está em uma zona de inundação perigosa;
- Você participa de um seminário gratuito, mas depois percebe que é simplesmente um discurso de vendas para uma versão mais longa, paga;
- Você recebe uma oportunidade de investimento em criptomoeda "à prova de falhas", só para descobrir que, quando o valor cai, não pode ser facilmente vendido, e todo o seu dinheiro é perdido.

Ao lidar com investimentos, relacionamentos e objetivos pessoais, a tentação de adquirir algo sem custo pode facilmente obscurecer nosso julgamento e pensamento. Exerça sempre discernimento antes de tomar uma decisão para poder descobrir quaisquer custos ocultos ou riscos que estejam sob a superfície ou perdidos nas letras miúdas. Descubra os custos agora, em vez de depois, quando for tarde demais.

> Pensar bem antes de aceitar algo que parece bom demais para ser verdade pode economizar muita dor e arrependimento no futuro.

ENTRE EM AÇÃO

Equilibre o entusiasmo com um pouco de pensamento criterioso
Quando a oportunidade bater com uma oferta que parece tentadora demais, abra bem os olhos e faça uma pausa. Dê a si mesmo tempo para examinar, questionar e avaliar a oportunidade de todos os ângulos. Essa abordagem cuidadosa garantirá que seu entusiasmo não o cegue para riscos subjacentes ou complicações ocultas.

Pergunte sobre as letras miúdas
As coisas grátis da vida geralmente vêm com letras miúdas, detalhando os termos e as condições — palavras que raramente lemos ou para as quais sequer lançamos um olhar quando nos inscrevemos em algo. Apesar do nome, elas podem nem estar escritas, então você precisaria fazer as perguntas certas para saber sobre elas. De contratos a acordos, e relacionamentos a negócios financeiros, entender as letras miúdas garante que você esteja totalmente ciente da situação na qual está entrando. Você está, então, em uma posição para decidir se deixa para trás todas essas "oportunidades imperdíveis".

36

CRIE UMA LISTA DE "COMO SER"

| *Foque o tipo de pessoa que você quer ser.*

Em um mundo repleto de tarefas e responsabilidades, muitas vezes nos encontramos presos em um ciclo contínuo de listas de "coisas a fazer". Embora essas listas possam nos ajudar a completar nossas muitas tarefas e responsabilidades e otimizar o que fazemos, há uma via de crescimento que também requer nossa atenção: otimizar quem somos como pessoa e como desejamos *ser*. Para conseguir uma versão otimizada de si mesmo, é preciso focar hábitos, comportamentos e traços que você deseja ter e exibir ao trabalhar em tarefas e com outras pessoas.

Uma lista de "como ser" é como ter um itinerário de viagem para seu próprio crescimento pessoal. Ela garante que você se concentre além de suas tarefas, abrace o quadro geral e lembre-se de trabalhar continuamente em suas habilidades interpessoais mais suaves. Ter uma lista de "coisas a fazer" juntamente com uma lista de "como ser" o ajuda a manter uma perspectiva equilibrada sobre o que você precisa trabalhar.

> Concentrar-se em "ser" em vez de "fazer"
> pode ajudá-lo a crescer a se desenvolver como pessoa.

ENTRE EM AÇÃO

Defina seu eu ideal
Comece visualizando seu eu ideal, perguntando a si mesmo quais hábitos, comportamentos, qualidades e atitudes definiriam sua melhor

versão. Sente-se em silêncio e permita que ideias venham até você, depois anote-as.

Uma lista típica de "como ser" pode incluir qualidades como: ser gentil, atencioso, paciente, calmo, pensativo, inovador, persistente, compreensivo, desafiador, diligente e honesto. Sua lista de "como ser" também pode incluir seus valores fundamentais; após ler a dica nº 29, você já pode ter uma lista deles.

Agora considere as maneiras pelas quais você pode assumir ou melhorar essas qualidades. Seja claro e descritivo em sua lista de "como ser". Por exemplo, se deseja ser mais empático e compreensivo, descreva ações específicas, como:

- Agradecer mais e dar mais feedbacks positivos ao meu cônjuge, parceiro ou equipe;
- Em reuniões de equipe, faça uma pausa antes de criticar a ideia de alguém e tente entender de onde elas vêm.

Consulte e atualize sua lista de "como ser"

Sugiro que você consulte sua lista e a atualize pelo menos uma vez por semana. Como uma lista tradicional de "coisas a fazer", a beleza da lista de "como ser" está em sua adaptabilidade — você simplesmente adiciona e remove tarefas conforme necessário ou assim que forem concluídas.

37

DEIXE SEUS ARREPENDIMENTOS DE LADO

> Aprenda com seus arrependimentos, mas depois deixe-os para trás.

Você já se pegou pensando nas decisões passadas, reproduzindo cenários em sua mente e desejando poder voltar no tempo? A retrospectiva é cruel — é aquele lembrete constante de oportunidades perdidas, caminhos errados e momentos que você daria qualquer coisa para voltar no tempo e consertar.

É natural refletir sobre o passado, mas, quando se transforma em uma torrente de arrependimentos, essa reflexão se torna um bloqueio mental para o seu presente e o seu futuro.

Os arrependimentos geralmente decorrem da crença de que você poderia ter navegado pela vida de maneira diferente, tomado melhores decisões ou evitado armadilhas. Mas, no seu passado, você não tinha a visão e a sabedoria que tem agora. Sempre é fácil olhar para trás e saber o que teria feito melhor. Infelizmente (ou talvez felizmente), seu passado nunca mudará! Então, a partir de agora, eu o desafio a parar de se arrepender do passado e, em vez disso, simplesmente aprender com seus arrependimentos, para ajudar a minimizar erros futuros ou resultados ruins... e depois deixar o passado para lá.

> Apegar-se a arrependimentos é um grande desperdício de tempo e energia.

ENTRE EM AÇÃO

Extraia lições para o futuro...
Veja todas as escolhas que você fez, boas ou ruins, como degraus para o seu crescimento. Reflita sobre seus erros perguntando a si mesmo: "O que eu aprendi?" Como esse conhecimento pode capacitar minhas escolhas atuais e futuras?

Utilize essa sabedoria recém-adquirida para definir intenções para o futuro, perguntando a si mesmo: "O que eu quero alcançar e o que posso fazer hoje para criar um amanhã mais satisfatório e bem-sucedido?"

... e então siga em frente
Tenha um pouco de compaixão por si mesmo, perdoando-se por seus erros passados. Será que você não tomou as melhores decisões com as informações e os recursos disponíveis para você naquela época? Será que você não é simplesmente humano?

38

A PROCRASTINAÇÃO MATA, ENTÃO MATE-A PRIMEIRO

| *Pare de deixar as coisas para amanhã.*

Muitos dos meus clientes de coaching se encontram na iminência de começar a fazer algo, mas postergam esse início sem qualquer motivo racional. Às vezes, a procrastinação é totalmente justificada — talvez eles precisem esperar por mais instruções ou recursos financeiros, terminar tarefas urgentes primeiro ou ganhar clareza sobre os objetivos. E, sim, às vezes é preciso esperar até estar mais bem preparado ou ter mais tempo.

O perigo vem quando você atrasa regularmente o início das coisas por causa de alguns hábitos não saudáveis:
- O perfeccionismo que faz com que você aguarde as condições perfeitas;
- Medo de falhar e de não fazer um bom trabalho;
- Ser indeciso e duvidar de si mesmo;
- Falta de motivação e vontade de estar no "humor certo";
- Ser distraído e ter má gestão de tempo;
- Resistência a sair da zona de conforto e assumir novas responsabilidades.

É improvável que promessas sobre o amanhã tragam o sucesso desejado. Em vez disso, decida dar aquele primeiro passo importante hoje.

Acompanhe as dicas a seguir para conseguir se libertar do atraso e da procrastinação. Elas vão ajudar você a agir e ver os frutos de começar — *agora*.

> Se vai fazer alguma coisa, faça hoje.

ENTRE EM AÇÃO

Pare com as desculpas
Comece a apreciar que a verdadeira prontidão vem de realmente fazer algo e se envolver ativamente com suas tarefas. Se você tem tendência a atrasar, esperando condições perfeitas, obrigue-se a começar de qualquer maneira — mesmo que passe apenas uma ou duas horas hoje na tarefa.

Aceite que nunca estará perfeitamente preparado para nada, e que a preparação é um processo que vem de enfrentar tarefas e desafios, aprendendo e refletindo, e tomando ações decisivas e corretivas.

Tenha uma mentalidade orientada para a ação
Sim, sempre se dê um tempo para preparar, planejar e refletir, mas, como regra geral, tenha preferência por fazer coisas. Mesmo que comece apenas parte de uma tarefa agora, inicie o hábito de nunca deixar algo para mais tarde, a menos que você tenha um motivo realmente bom para fazê-lo. Por exemplo, se está esperando por dinheiro necessário ou uma decisão da justiça.

Começando regularmente e minimizando o atraso, aos poucos você se libertará de hábitos ou da mentalidade relacionados à procrastinação.

39

DEIXE SEUS FILHOS SEREM ELES MESMOS

| *Não seja um pai ou uma mãe helicóptero.*

Muitos adultos são excessivamente controladores, querendo que as coisas saiam exatamente como desejam. Essa pode ser uma habilidade fantástica para se ter no trabalho, com potencial de ser desastrosa na criação dos filhos.

Cada um de nós, incluindo nossos filhos, tem seus próprios traços de personalidade, estilos e características, bem como ambições, sonhos e paixões únicos. Nosso papel como pais é reconhecer isso e trazer para nossa função parental uma sincera disposição para permitir que nossos filhos sejam eles mesmos. Devemos tentar apoiá-los a se tornarem a melhor versão de si mesmos, em vez de querer que se tornem miniversões de nós.

Todos nós orientamos nossos filhos e tomamos decisões por eles, muitas vezes porque a sociedade espera que façamos isso. O segredo é encontrar um equilíbrio entre guiá-los e controlar todas as suas decisões. Por exemplo, você pode ajudar seu filho a conseguir uma vaga para estudar em uma excelente escola, mas depois dar um passo atrás e deixá-lo escolher disciplinas optativas ou atividades extracurriculares, mesmo quando suas escolhas não estiverem alinhadas com o que você acha que ele deveria fazer.

Falando como pai de dois filhos adultos, às vezes tive dificuldade de encontrar esse equilíbrio, mas estou feliz por ter me contido o suficiente para que meus filhos pudessem encontrar os próprios caminhos. A seguir, compartilho conselhos sobre como você pode fazer isso de um jeito ainda melhor do que eu.

> A última coisa que um filho precisa é de um pai excessivamente protetor que tenta controlar cada um de seus passos.

ENTRE EM AÇÃO

Pergunte aos seus filhos o que eles sentem
Deixe de lado a ideia de que seus filhos são muito inexperientes para tomar as decisões certas ou muito jovens para conhecer os próprios sentimentos e pensamentos. Em vez disso, envolva-os nas decisões sobre suas vidas. Para fazer isso bem, você precisa ouvi-los genuinamente (veja, na dica nº 25 formas de como fazer isso). Pergunte suas opiniões, pensamentos e sugestões, e leve em consideração o que estão dizendo. Evite descartar as ideias deles como imaturas ou infantis.

Cultive valores saudáveis
Como regra geral, não force seus filhos a fazerem o que você quer, mas é bom encorajá-los a desenvolver alguns valores e hábitos saudáveis e positivos. Isso pode incluir ensiná-los a dizer "por favor" e "obrigado", arrumar a cama, ser gentil com os irmãos e amigos e, em geral, ser educado.

O ideal é orientá-los, mas não microgerenciar todas as suas escolhas ou decisões. Por exemplo:
- Incentive-os a comer vegetais, mas permita que eles escolham quais vegetais preferem;
- Motive-os a terminar a lição de casa no prazo, mas permita que explorem como e onde gostam de estudar em casa.

40

NÃO PEGUE ATALHOS; ISSO PODE CAUSAR UM EFEITO DOMINÓ

> *Seja o mais diligente possível,
> mesmo quando os outros estão pegando atalhos.*

É tão fácil nos pegarmos tomando atalhos enquanto corremos pela vida, muitas vezes de maneiras pequenas e inócuas. Quando:
- Tomamos um banho de um minuto sem usar xampu ou sabonete;
- Usamos um prato sujo em vez de lavá-lo primeiro;
- Comemos fast-food em vez de cozinhar algo mais saudável em casa;
- Não fazemos a cama nem arrumamos as roupas;
- Chegamos atrasados para a partida de esportes dos nossos filhos, em vez de fazer um esforço para estar presente durante todo o jogo;
- Fingimos ter lido um relatório quando apenas demos uma olhada nele;
- Estacionamos brevemente em lugar proibido, em vez de estacionar em um ponto mais distante.

Esses exemplos podem apenas causar um mal-estar estomacal ou mesmo uma multa de estacionamento irregular. Mas, uma vez que você se acostuma a pegar pequenos atalhos, é só questão de tempo antes de passar para um nível diferente, que pode levá-lo a ser demitido ou preso:
- Ignorar as verificações de qualidade ou segurança em sua fábrica, levando a um acidente quase fatal;

- Usar materiais mais baratos e de baixa qualidade ao construir algo;
- Plagiar materiais ao escrever um relatório ou dissertação;
- Fraudar suas despesas ou declaração de imposto de renda.

Mesmo que se saia bem com seus atalhos, você saberá o que fez e, ao continuar com essa atitude, corre o risco de ficar cego para o que significa fazer a coisa certa.

> Pegar atalhos pode fazer com que economize algum dinheiro hoje, mas o preço que você pagará amanhã pode ser enorme.

ENTRE EM AÇÃO

Pense duas vezes
Pare para pensar nas consequências do que está prestes a fazer e para entender completamente e assumir a responsabilidade pelo que vier a ocorrer. Pergunte a si mesmo o quão confortável você está em tomar o caminho mais fácil em detrimento de fazer a coisa certa. Você pode economizar tempo, esforço ou dinheiro, e pode achar que o risco é pequeno. Mas não se trata apenas da possibilidade de ser pego e viver as consequências; é a questão mais profunda da saúde de seus valores morais ou da falta deles. Você tem que se tornar seu próprio guardião moral.

Saiba que é um caminho escorregadio
Suas ações rapidamente se tornam hábitos e, ao pegar atalhos hoje, fica mais difícil para você parar de fazer isso amanhã. Uma vez que abriu as comportas, a água nunca irá parar de fluir. O perigo vem quando seus atalhos fazem você se sentir bem e lhe dão uma sensação de euforia, como ganhar mais dinheiro, ou ter uma vida mais fácil. O que está em jogo, lembre-se, são seus valores e seu valor como ser humano.

41

NÃO SEJA CATASTROFISTA

| *Pare de sempre temer o pior.*

A vida está cheia de incertezas, e é natural ter cautela e prever desafios. No entanto, temer constantemente o pior e viver em um estado perpétuo de pessimismo não é apenas mentalmente exaustivo, mas também irrealista. Terremotos, tanto literais quanto metafóricos, são raros, e a maioria de nossos medos nunca se materializa. A energia gasta nos preocupando com eles nos afasta da nossa capacidade de fazer bem as coisas.

É crucial distinguir entre preocupações genuínas e o que chamo de pensamento catastrófico. Embora reconhecer possíveis armadilhas seja sábio, permitir que medos infundados dominem nossos pensamentos impede o progresso e a felicidade. Aceitar que terremotos, tanto em nossa vida pessoal quanto coletiva, não são frequentes nos ajuda a redirecionar o foco para pensamentos e ações construtivos. Ao nos libertar do ciclo do pensamento catastrófico, podemos nos capacitar a enfrentar desafios com uma mente clara e a tomar decisões sensatas baseadas em uma dose saudável de realismo, em vez de em medos infundados.

> Temer pelo pior o deixará sem energia, ansioso e incapaz de abraçar plenamente a vida.

ENTRE EM AÇÃO

Seja sistemático na avaliação dos riscos
A menos que você seja um atuário treinado, não é fácil diferenciar entre riscos reais e imaginários. Mesmo como leigo, porém, dá para identificar

riscos avaliando as evidências e os padrões passados e tentando discernir entre preocupações genuínas que requerem atenção, e medos infundados que podem ser ignorados. Pergunte a si mesmo: "Quais evidências confirmam esse medo? Existe uma perspectiva mais equilibrada?" Tentar ser sistemático dessa maneira ajudará você a desafiar suas suposições negativas sobre o futuro.

Mude seu modo de pensar
A vida é incerta, e supor o pior só amplificará suas ansiedades internas.
- Firme-se no presente, usando técnicas de *mindfulness*. Isso o ajudará a se desligar do pensamento, catastrófico e a desenvolver uma compreensão mais clara da realidade atual;
- Cultive uma mentalidade que abrace o realismo. Entenda que nem todo desafio é uma catástrofe e que contratempos fazem parte da jornada;
- Em vez de se concentrar em problemas potenciais, concentre-se em soluções práticas para problemas que podem ocorrer de modo realista. Ao desenvolver uma abordagem proativa para desafios reais, você se concentra mentalmente no que pode controlar, deixando de lado o que não pode (veja a dica nº 17 para saber mais sobre essa distinção).

42

COMA E BEBA BEM

| *Alimente-se bem se quiser prosperar.*

Adotar uma abordagem saudável para a sua alimentação é talvez a decisão mais importante que você tomará. Durante minha carreira de coach, observei como as dietas dos meus clientes impactaram não apenas seu bem-estar físico, mas também seu desempenho no trabalho. Uma dieta saudável ajuda você a:
- Pensar com clareza;
- Ser criativo e inovador;
- Manter-se em forma;
- Ter resistência;
- Estar atento;
- Permanecer calmo e composto.

Cada um de nós é como um carro de alta performance: o que consumimos é o combustível que fornece ao nosso motor sua potência, eficiência e resistência. Encher-se de alimentos de baixa qualidade, com baixo teor de nutrientes e bebidas cheias de açúcar tornará seu motor lento e pesado. Fazer o contrário e consumir alimentos e bebidas mais saudáveis permitirá que seu motor funcione eficientemente por muitos anos.

Não é apenas questão do que você consome, mas também de como você consome. Dê ao seu corpo tempo para digerir e processar o que está colocando nele. Comer e beber com pressa enquanto vai de uma reunião a outra tem um impacto bastante diferente do que se sentar e mastigar lentamente e beber com calma.

Ao adotar hábitos conscientes de alimentação, você ajuda a garantir que o resto de sua vida seja o mais longo, saudável e gratificante possível.

> Nós nos tornamos o que consumimos,
> e felizmente podemos controlar o que consumimos.

ENTRE EM AÇÃO

Consuma de forma inteligente

Estas são as regras de alimentação saudável que aprendi:
- Beba muita água filtrada ao longo do dia. O corpo é 70% água, e é lógico que precisamos mantê-lo reabastecido com seu principal componente. Mantenha uma garrafa grande de água ao seu lado enquanto trabalha; isso vai lembrá-lo visualmente de tomar goles regulares;
- Semanalmente, certifique-se de consumir uma combinação equilibrada de frutas, legumes, grãos integrais e proteínas magras;
- Minimize o consumo de produtos processados. Em vez disso, cozinhe seus próprios pratos usando ingredientes básicos como arroz, legumes crus, leguminosas e pedaços de peixe ou carne, dependendo de suas preferências alimentares;
- Reserve um tempo para comer com atenção, mastigar devagar e apreciar sua comida. Deixe a TV e o smartphone desligados e converse com seus companheiros de jantar;
- Esteja consciente do tamanho das porções de suas refeições e minimize os lanches entre elas;
- Se adequado, jejue para dar ao seu corpo um descanso da constante digestão de alimentos. Você pode criar uma regra de que, uma ou duas vezes por semana, vai consumir apenas uma refeição principal leve.

43

VEJA O TODO.
NÃO SÓ OS DETALHES

| *Tenha uma visão mais ampla.*

Nessa vida agitada, é muito fácil ficar preso nos detalhes e pequenos problemas — tarefas que precisam ser concluídas, solicitações respondidas e questões resolvidas. Usando a metáfora consagrada da floresta, essas são as árvores individuais e o sub-bosque irregular que sempre parecem precisar de nossa atenção.

Na maioria das vezes, está tudo bem cuidar dos detalhes, mas às vezes pode ser útil dar um passo atrás para ter uma visão mais ampla de sua vida ou carreira e explorar como as coisas pequenas nas quais você está focado estão conectadas a questões maiores. Como essa floresta está crescendo? Está florescendo?

Dar um passo atrás para conseguir vê-la por inteiro pode ajudar a garantir propósito e significado às tarefas que realiza e aos desafios enfrentados no cotidiano, e, assim, garantir que está gastando seu tempo e sua energia de maneira alinhada com seus planos e direções gerais. Dessa forma, você tem mais chances de descobrir padrões e sinergias entre as coisas do dia a dia em que está focado, permitindo planejar o futuro e ainda encontrar o melhor caminho através de todas essas árvores.

> Pare, dê um passo para trás e observe
> que uma visão mais ampla pode lhe dar
> as respostas necessárias.

ENTRE EM AÇÃO

Reserve um tempo para dar um passo atrás
Faça pausas regularmente para avaliar suas prioridades e explorar como suas tarefas (as árvores) estão alinhadas com seus objetivos e metas gerais (a floresta). Você pode fazer isso diária ou semanalmente, e é uma boa atividade para fazer ao revisar e atualizar sua lista de tarefas: ao dar um passo atrás, você pode garantir que sua lista esteja alinhada com suas prioridades e direção gerais (lembre-se da lista do "como ser", na dica nº 36!).

Delegue ou automatize os detalhes
Sempre que puder delegar ou automatizar algumas de suas tarefas menores, você se dará tempo e energia para coisas que realmente importam. Sem querer forçar a barra com a analogia da floresta, quando algumas de suas árvores podem ser gerenciadas de forma mais eficiente pela tecnologia ou por outras pessoas, você pode se concentrar melhor na paisagem mais ampla.

44

JUNTOS PARA SEMPRE REQUER INVESTIMENTO

Um relacionamento duradouro será um desafio, mas vale a pena.

Comprometer-se a uma vida juntos pode ser uma das maiores decisões que você já tomou, e também a mais desafiadora de se viver. Qualquer relacionamento pode ser difícil de manter e fazer crescer, então é totalmente compreensível que a ideia de viver juntos e se comprometer com uma pessoa possa parecer intimidante e até mesmo assustadora.

Depois de vinte e cinco anos de casado, sei que estar e permanecer juntos não é nada fácil. Ambos os parceiros enfrentarão mal-entendidos, conflitos emocionais, diferenças de opinião, ambições e necessidades conflitantes. Superar esses desafios requer que os dois lados desenvolvam habilidades como compromisso, negociação, empatia, compaixão, tolerância e perdão. Para muitos, a curva de aprendizado é muito íngreme e, como resultado, muitos casamentos e relacionamentos se desfazem.

Talvez você agora esteja se perguntando: vale mesmo a pena? Sim, claro que sim! Comprometer-se a viver juntos é uma oportunidade para as energias, os sonhos, as esperanças e ambições de duas pessoas se entrelaçarem e criarem algo profundo e significativo. Embora escolher ser solteiro seja igualmente válido, é claro — com suas próprias alegrias e dificuldades —, com paciência e esforço, qualquer relacionamento de longo prazo pode se tornar uma jornada de insights, experiências, crescimento e aprendizados. E, ao apreciar os momentos positivos e conseguir navegar pelos tempos mais difíceis, ambos os parceiros podem desenvolver sua capacidade de sabedoria, amor e compreensão da vida.

> Comprometer-se com outra pessoa pode ser tanto a decisão mais gratificante quanto a mais desafiadora que você já tomará.

ENTRE EM AÇÃO

Nunca perca sua individualidade

Permita que seu relacionamento tenha um equilíbrio, por um lado, para criar experiências compartilhadas e objetivos de vida, como comprar uma casa ou ter filhos, e, por outro, manter espaço para as necessidades e aspirações pessoais de cada parceiro. Isso pode incluir ter seu próprio regime de exercícios, estudar para um curso, passar tempo com seus próprios amigos ou até mesmo viajar sozinho.

Empatia e comunicação são a chave

Tente ver as coisas pelos olhos do seu parceiro. Você pode não concordar sempre com as opiniões, os desejos, as necessidades ou ações dele, mas tenha paciência e empatia suficientes para tentar entender por que ele pensa e sente do jeito que sente.

Desenvolver tal compreensão envolve ser aberto e sincero em suas conversas, expressando livremente seus sentimentos, suas esperanças, preocupações e seus medos, e incentivando seu parceiro a fazer o mesmo. Para mim, essa é a verdadeira compaixão e amor, e é a base de qualquer relacionamento de longo prazo.

Abracem as mudanças e os desafios juntos

Discussões e mal-entendidos tendem a surgir quando ambos enfrentam mudanças ou desafios, como lidar com doenças, perder um emprego e renda, mudar de casa ou — Deus nos livre — perder um filho. Dado que todos estamos constantemente sujeitos a mudanças, é crucial que ambos se ajudem a reconhecer e navegar pelas dificuldades que essas mudanças possam trazer (veja a dica nº 17 para saber mais sobre resiliência).

É nesses momentos que a comunicação e o entendimento mútuos, tão cuidadosamente construídos ao longo dos meses e anos, pagam dividendos, ajudando vocês a enfrentar as tempestades como um casal, em vez de permitir que as dificuldades os separem.

Ficar solteiro pode ser a escolha certa para você
Nem todo mundo escolhe entrar em um relacionamento de longo prazo, e permanecer solteiro oferece liberdade e a oportunidade de se concentrar em suas paixões e seus objetivos sem compromisso. Embora faltem as experiências compartilhadas de um relacionamento, permanecer sozinho pode trazer seu próprio profundo sentimento de realização e contentamento.

45

NÃO SEJA PERFECCIONISTA

| *Não fique obcecado em fazer tudo certo.*

Fazer as coisas certas da primeira vez pode parecer o caminho mais fácil para o sucesso. No entanto, minhas experiências e observações como coach me ensinaram que fazer as coisas com perfeição não é a resposta para uma vida bem-sucedida. Em vez disso, o perfeccionismo é muitas vezes um obstáculo: pode desacelerar seu progresso e deixá-lo tão obcecado em fazer tudo certo, que você perde a visão geral e a alegria que vem com a jornada.

Ser perfeccionista muitas vezes vem com uma mentalidade obsessiva e competitiva que estabelece padrões e metas inatingíveis, e deixa você com medo de cometer erros, ficar em segundo lugar ou até mesmo de começar. Essa não é uma maneira saudável de passar seu tempo, e terá um custo significativo na sua qualidade de vida, levando à baixa energia, má saúde e esgotamento. Ser bem-sucedido não equivale a ser impecável, mas sim a ser cuidadoso, consistente e pontual. Sim, às vezes você precisa colocar os pingos nos "is", mas, em outras vezes, critérios diferentes determinam como seu sucesso deve parecer e sentir.

> Colocar os pingos nos "is" pode ser um uso muito improdutivo do seu tempo.

ENTRE EM AÇÃO

Celebre o progresso e a eficiência em vez de querer ser o primeiro
O segredo é buscar completar tarefas bem-feitas sem sucumbir à pressão consumidora de obter resultados perfeitos. Isso envolve permitir-se

querer fazer as coisas bem, mas sem estar obcecado em terminar primeiro ou ser a pessoa cujo trabalho é impecável. Esse pode ser um hábito difícil de mudar, especialmente se você é o filho mais velho e seus pais o pressionaram a sempre ser o melhor em todos os testes, exames ou jogos.

Parte de deixar de lado o perfeccionismo é aprender a apreciar a jornada em vez de estar preocupado em vencer a corrida. Tente ficar feliz por ter feito o melhor trabalho que pôde, em vez de sua apresentação receber mais aplausos do que a dos seus colegas ou seu ensaio receber a nota mais alta da turma. Isso se relaciona com a ideia de não se comparar com os outros, e a vimos na dica nº 22.

Se ainda não estiver convencido da necessidade de mudar seu pensamento, faça isso pela sua saúde. Entenda que, se não for controlada, a busca implacável pela perfeição terá um impacto negativo na sua saúde mental e emocional. E então, um dia, você ficará muito doente para alcançar a perfeição.

46

APRENDA ATÉ SEU ÚLTIMO SUSPIRO

| *Desenvolva e mantenha uma estratégia de aprendizado.*

No mundo de hoje, em rápida mudança, a chave para ser valioso e relevante é aprender continuamente coisas novas. Isso muitas vezes envolve deixar de lado o que se aprendeu anteriormente e aprender coisas do zero. Além de ser essencial para permanecer capaz e empregável, esse aprendizado constante pode deixá-lo se sentindo mais empoderado, positivo, confiante e motivado a enfrentar quaisquer novos desafios e oportunidades que surgirem.

Em todos os lugares que olhamos, vemos pessoas precisando aprender e estudar coisas. Recusar-se a aprender constantemente não é mais uma opção, não importa quem ou onde você esteja na vida:

- Advogados devem se manter atualizados sobre novas leis e desdobramentos legais;
- Professores precisam estudar e participar de treinamentos para se manterem atualizados sobre as mudanças nas estratégias de aprendizagem e no conteúdo das disciplinas;
- Aposentados precisam navegar por novas tecnologias para acessar serviços e bens on-line;
- Atletas devem refinar continuamente a maneira como competem em seus eventos;
- Líderes devem explorar continuamente novos conceitos e ferramentas de liderança.

Hoje, o processo de aprendizagem não está confinado às salas de aula ou a cursos estruturados. Em vez disso, está disponível em todos os lugares e de tantas formas, tornando-se um processo dinâmico ao longo da vida.

> Passe toda a sua vida aprendendo, desaprendendo e reaprendendo.

ENTRE EM AÇÃO

Torne-se um aprendiz positivo e contínuo
- Adote uma mentalidade de aprendizado positiva, na qual você trata o aprendizado não como uma tarefa, mas como uma aventura. Quando sentir que o que está estudando ou aprendendo é entediante, pergunte a si mesmo se você precisa dominar e entender aquele tópico ou assunto em particular. É muito mais fácil absorver novas ideias e informações quando a aprendizagem é satisfatória e agradável;
- Esteja pronto para abandonar quaisquer hábitos de aprendizado preguiçosos e desaprender qualquer conhecimento e informação ultrapassados. Dê espaço para conceitos e pensamentos atualizados;
- Não se concentre apenas em aprender o que precisa para se manter atualizado em seu trabalho atual. Amplie seu aprendizado sendo aberto, curioso e inquisitivo em relação a tudo ao seu redor — em seu ramo de atividade e além;
- Explore todas as formas de aprendizado disponíveis, desde cursos on-line até o uso de ChatGPT e outras ferramentas baseadas em IA, passando pelo aprendizado no trabalho, até buscar um mentor, grupos de estudo, eventos ou podcasts;
- É uma ótima ideia manter um resumo do seu aprendizado para que você possa consultá-lo de tempos em tempos. Isso reforçará os novos insights, as lições aprendidas e descobertas adquiridas.

47

MANTENHA A POSTURA

| *Preste atenção à sua linguagem corporal.*

Apreciar a importância da sua linguagem corporal como um comunicador silencioso é essencial. As pistas e os sinais não verbais moldam como os outros nos veem, e também como se gostam, ouvem e concordam conosco.

Pense em quando e como sua linguagem corporal exalou positividade, confiança e abertura. Você pode ter notado como isso criou uma atmosfera aberta, colaborativa e convidativa em seus relacionamentos, negócios ou em outro contexto. Por outro lado, pergunte a si mesmo que tipos de linguagem corporal — talvez em si mesmo ou que tenha testemunhado em outros — podem ter parecido deprimidos, negativos ou tensos, impedindo as chances de uma interação bem-sucedida.

Além de influenciar os outros, sua linguagem corporal afeta sua autopercepção e sua mentalidade. Isso ocorre devido à conexão entre corpo e mente. Por exemplo, o mero ato de ficar fisicamente em pé, com o corpo ereto, e se portar com confiança terá um impacto positivo em seu estado de espírito e autoconfiança.

> Nossa comunicação não verbal é muito importante e, felizmente, fácil de dominar.

ENTRE EM AÇÃO

Torne-se um observador de si mesmo
Existem muitas dicas sobre como otimizar sua linguagem corporal. Aqui estão algumas que meus clientes de coaching acham particularmente úteis:

- Mantenha contato visual para ajudar a transmitir interesse e sinceridade. Muitas pessoas desviam o olhar, o que pode ser muito desanimador;
- Certifique-se de que suas expressões faciais estejam alinhadas com as mensagens que está tentando transmitir. A menos que deseje intencionalmente parecer severo ou irritado, certifique-se de sorrir o máximo possível;
- Gesticule com as mãos para ajudar a parecer caloroso e acessível e menos rígido ou robótico;
- Projete confiança com um aperto de mão firme e mantendo uma postura ereta ao ficar em pé ou sentado;
- Para criar uma conexão mais profunda com alguém, copie seus movimentos corporais. Se a outra pessoa cruzar as pernas, recostar-se ou começar a sorrir, sutilmente espelhe o que ela está fazendo. No entanto, não exagere, pois isso começará a irritar;
- Reconheça e adapte sua linguagem corporal dependendo do contexto específico, incluindo o background cultural daqueles com quem você está;
- Por fim, preste atenção à sua aparência. Assegure-se de que suas roupas, higiene e aparência geral estejam alinhadas com a maneira como você deseja ser visto ou percebido.

48

NUNCA SE ACOMODE

| *Não se contente com uma vida medíocre.*

A vida é uma oportunidade extraordinária para cada um de nós seguir os próprios sonhos, paixões e talentos, e nos contentar com menos pode nos fazer perder a gama completa de experiências que a vida tem a oferecer.

A vida é muito curta para ficar em empregos apenas razoáveis, relacionamentos mornos ou lugares que não trazem entusiasmo. Ficar com pessoas ou em carreiras que são apenas "boas o bastante" ou "até que boas" pode parecer confortável e seguro, mas é isso que seu eu futuro gostaria que você fizesse? É isso que você realmente quer fazer agora?

É muito comum que as pessoas não consigam alcançar seu pleno potencial, e isso muitas vezes ocorre porque não somos capazes de agir de outra forma ou ainda porque tememos o desconhecido ou o fracasso. Mesmo com incentivo e apoio, nem todos terão a coragem de dar o mergulho — nunca saberão quais limites poderiam ter sido ultrapassados nem quais potenciais e experiências inexplorados poderiam ter aguardado.

Não seja como essas pessoas e perca a oportunidade de viver uma vida extraordinária, uma vida alinhada com seus sonhos, paixões e potencial.

> Se quer uma "vida ok", então se acomode,
> mas se você realmente quer viver,
> faça uma pausa antes de se acomodar.

ENTRE EM AÇÃO

Mantenha seus sonhos no centro do palco
Nunca perca de vista suas aspirações, sonhos e objetivos de vida — pense, escreva e fale sobre essas coisas. Elas não são simplesmente direções para a próxima cidade, são o que determina a direção do resto de sua vida. Visualize como é alcançar esses objetivos — tente desenhar imagens desse momento, seja mentalmente ou no papel. Quero que você esteja tão determinado a perseguir seus sonhos que nunca será capaz de se contentar com menos.

Espere mudanças e escolhas desconfortáveis
Aprenda a esperar mudanças constantes em sua vida enquanto persegue seus sonhos e aspirações — afinal, as únicas pessoas imunes à mudança são aquelas que se acomodaram em uma vida atual menos do que satisfatória. Da mesma forma, esteja preparado para precisar fazer escolhas corajosas e de aparência arriscada — escolhas que o empurrem para fora da sua zona de conforto.

49

SEJA INTELIGENTE COM AS FINANÇAS

Faça um orçamento para poder economizar dinheiro e fazer investimentos.

Economizar dinheiro pode ter um impacto profundo em sua vida. Além de melhorar seu saldo bancário, isso lhe dá mais liberdade para perseguir seus sonhos e criar a vida que deseja. Nada pode atrapalhar as aspirações quanto a falta de dinheiro. Aumentar sua riqueza permitirá que você aja com mais confiança quanto ao que é capaz de fazer e alcançar, e ter menos medo do que pode dar errado.

Ao exercer disciplina no gerenciamento de seu dinheiro, você poderá ganhar controle sobre sua situação financeira, reduzindo qualquer ansiedade e preocupação relacionadas ao dinheiro. Gerenciar bem suas finanças vai além de simplesmente economizar parte do seu salário mensal — abrange habilidades como gastos conscientes, orçamento e estabelecimento de metas financeiras alcançáveis.

> Economizar regularmente pode ajudá-lo a alcançar a independência financeira futura.

ENTRE EM AÇÃO

Pratique esses seis hábitos financeiros
1. Torne a poupança parte obrigatória da sua rotina mensal. Para evitar a tentação de pular um mês, programe uma transferência

automática de uma porcentagem fixa do seu salário para uma conta poupança ou investimento;

2. Use um aplicativo de orçamento no seu celular ou uma simples planilha no seu notebook para detalhar sua renda, despesas e economias. Revise e ajuste seu orçamento regularmente ou conforme necessário;

3. À medida que suas economias aumentarem, explore opções de investimento que lhe proporcionem um retorno melhor do que simplesmente ganhar juros bancários. Procure aconselhamento profissional, se necessário;

4. Faça um plano para gerenciar e pagar quaisquer dívidas existentes, começando pelas que tiverem os maiores juros e taxas;

5. Torne-se muito deliberado em relação aos seus gastos e evite compras por impulso. Fique de olho em vouchers, descontos e ofertas especiais para as coisas que deseja comprar;

6. Aprenda sobre assuntos financeiros para garantir que esteja atualizado quanto a mudanças fiscais, opções de investimento e outros tópicos financeiros relevantes.

50

CELEBRE SEU ENVELHECIMENTO

| *Encare o envelhecimento com positividade e esperança.*

Em um mundo que parece glorificar a juventude, é fácil ver o envelhecimento como algo a ser evitado ou pelo menos ignorado. Quando pensamos no envelhecimento, o que primeiro vem à nossa mente são ideias sobre o declínio do corpo — com problemas como substituições de quadril, demência e artrite.

Embora inevitavelmente enfrentemos mais problemas de saúde à medida que envelhecemos, e não importa quando você acha que a velhice começa, nossos últimos anos podem trazer alguns aspectos positivos incríveis:

- Nossas experiências de vida nos dão sabedoria para apreciar o que é importante e o que valorizamos — incluindo nossos relacionamentos, experiências e maneiras de ser;
- Somos mais propensos a apreciar o que temos e a estar satisfeitos e em paz. Podemos não mais ansiar por coisas materiais nem almejar tanto os elogios e o reconhecimento, mesmo que continuemos a alcançá-los;
- Se nos aposentarmos ou começarmos a trabalhar menos, teremos mais tempo e visão para ajudar os outros e retribuir — talvez orientando as gerações mais jovens ou fazendo trabalho voluntário.

Ao abraçar esses aspectos positivos, podemos mudar nossa mentalidade para ver os capítulos posteriores de nossas vidas com renovado entusiasmo e realização — para buscar e apreciar os aspectos positivos que acompanham a passagem do tempo.

> Você pode lutar contra o envelhecimento ou abraçá-lo
> – a última escolha é muito mais fácil e mais gratificante.

ENTRE EM AÇÃO

Sinta-se bem com o envelhecimento
Faça um balanço de suas conquistas e celebre-as, cultivando um sentimento de gratidão pelo que experimentou e quem você se tornou. Abrace a oportunidade de descobrir coisas novas que o ajudem a se manter energizado e deixe de lado aquelas que trazem pouco valor. Busque crescimento, experiências e conexões significativas — podem ser novas habilidades, hobbies ou viagens.

Priorize o bem-estar
Ninguém pode envelhecer e ignorar a própria saúde — você pode querer, mas os problemas baterão à sua porta. Seja proativo e siga um plano que se concentre em manter sua saúde física, mental e emocional. Combine exercícios físicos regulares com exercícios mentais, uma dieta equilibrada e atividades conscientes, como ioga, caminhadas ao ar livre, respiração intencional e meditação.

Conecte-se com os outros
Invista tempo em cultivar relacionamentos que realmente importem para você, e deixe de lado aqueles que não importam. Se estiver tentado a passar a maior parte de seus anos mais velhos sozinho, lembre-se de que compartilhar experiências e momentos com outras pessoas é uma parte fundamental de ser humano.

E, finalmente, reconheça o valor das lições de vida e da sabedoria que você adquiriu, dando seu tempo para ajudar e orientar os outros.

51

DEIXE OUTRAS PESSOAS SEREM SEU ESPELHO

| *Aprenda com as pessoas ao seu redor.*

Todas as pessoas que encontramos são um espelho refletindo elementos de nós mesmos, oferecendo-nos oportunidades de aprofundar nossa autoconsciência e acelerar nosso desenvolvimento pessoal.

Tendemos a nos ver nos outros, mesmo que de maneira inconsciente. Por exemplo, quando percebe uma fraqueza em outra pessoa, é provável que esteja observando um defeito que você também possui. Da mesma forma, podemos ver e admirar nos outros o que nos falta — uma qualidade positiva como ser organizado ou paciente, ou uma habilidade que gostaríamos de adquirir.

Observar os outros pode até revelar qualidades nas quais nunca pensamos antes — destacando características negativas que você nunca desejaria emular ou ainda aspectos positivos que adoraria ser capaz de dominar.

Não basta reconhecer a nós mesmos nos outros, também devemos estar dispostos a reagir a esse reconhecimento — aprender e evoluir com base no que observamos. Enquanto escrevo isso, me lembro dos numerosos espelhos que enriqueceram minha própria vida, de chefes e colegas a familiares e amigos — pessoas que me ajudaram a me entender melhor e a cultivar minhas forças.

> Ver a si mesmo em outras pessoas pode ajudar você a se tornar autoconsciente e crescer.

ENTRE EM AÇÃO

Busque seu reflexo sem julgamento
Aprenda ativamente com as pessoas ao seu redor, buscando observar em seus próprios comportamentos os padrões que precisa reconhecer e trabalhar. Ao ver fraquezas nos outros, resista ao impulso de criticar ou julgar; em vez disso, pergunte-se se você é culpado do mesmo mau hábito ou comportamento.

Relacionamentos próximos são seus principais espelhos
Aqueles próximos a você são seus espelhos mais poderosos; uma fantástica oportunidade de aprendizado. No entanto, como são próximos a você, é provável que suas fraquezas realmente o irritem, enquanto suas qualidades positivas podem sobrecarregá-lo ou deixá-lo com ciúmes. Trabalhe com esses sentimentos e dê a essas pessoas feedback positivo quando você as observa fazendo algo bem, enquanto resiste ao impulso de criticá-las quando elas parecem fazer algo que o irrita.

Busque espelhos diversos
Cerque-se de uma diversidade de pessoas em termos de idade, gênero, classe, raça, habilidade ou sexualidade, entre outras coisas. Elas certamente oferecerão uma riqueza de perspectivas, experiências e conhecimentos divergentes. Essa diversidade fornecerá uma gama mais ampla de insights do que se simplesmente permanecer ao redor de pessoas como você.

52

ENCONTRE SEU
PROPÓSITO MAIOR

| *Busque sua própria fonte de significado.*

Em algum momento da vida, nos perguntamos sobre o significado de tudo. Muitas vezes, isso surge quando alguém próximo a nós morre ou fica gravemente doente, quando passamos por um divórcio ou enfrentamos alguma outra mudança difícil. Nesses momentos, alguns são capazes de recorrer a crenças religiosas profundamente arraigadas, enquanto outros lutam para saber para onde se voltar em busca de conforto e respostas.

Descobrir sua própria fonte de significado e crenças superiores é importante para seu bem-estar, em especial nos momentos mais sombrios, quando você pode se sentir totalmente perdido. Ao ter sua própria fonte de significado, você é capaz de:

- Viver e se expressar de forma mais autêntica, com senso de propósito e significado;
- Recorrer às suas crenças durante momentos desafiadores, em que orações, meditações ou outros rituais podem fornecer conforto e força muito necessários;
- Afastar-se mais facilmente de acontecimentos e situações e vê-los como parte de um quadro maior.

A busca por sua própria fonte de significado reconhece que cada um de nós é único, e o que traz compaixão, força e compreensão a algumas pessoas pode parecer vazio e oco para outras. Enquanto alguns encontram consolo em uma religião formal, outros simplesmente precisam meditar ao ar livre. O perigo vem quando você adota as práticas de seus pais ou amigos sem nunca se perguntar se suas crenças e práticas ressoam com o que você sente e precisa.

> Encontrar algum significado superior pode ajudá-lo a se conectar e colocar seus desafios diários em perspectiva.

ENTRE EM AÇÃO

Não tem problema mudar
Todos nós evoluímos à medida que envelhecemos, e é compreensível se as crenças que lhe foram incutidas na infância não mais ressoarem com você hoje. Pode parecer desleal aos seus pais explorar outros caminhos e crenças, mas talvez você precise disso como parte de sua própria jornada. Afinal, de pouco adianta se apegar a crenças que oferecem pouco significado para você, nem trazem conforto ou apoio em seus momentos difíceis.

Faça uma análise profunda
Se está carente de crenças ou se suas crenças atuais não mais lhe servem, reserve um tempo para descobrir outras que lhe possam fazer mais sentido. Explore o que está por aí, participando de eventos espirituais e religiosos, lendo obras sagradas ou ouvindo ensinamentos religiosos on-line. É possível, claro, que nada ressoe e que você descubra que, no final, sua fé está na humanidade.

Adote uma abordagem ecumênica
Se você luta para encontrar uma forma de espiritualidade e significado superior que pareça certa, tudo bem mergulhar em uma variedade de rituais ou práticas que tenham significado para você. Talvez passar algum tempo sentado em sua igreja, templo ou mesquita, agradecendo a uma potência superior; praticar meditação diária em um lugar tranquilo em sua casa ou jardim; ou reservar um tempo para ficar sozinho na natureza — as florestas, eu acho, são lugares especialmente consoladores.

53

SEJA AMIGO DE SEUS DEMÔNIOS

> *Encare seu lado sombrio – aquelas coisas que você mantém escondidas.*

É importante reconhecer e abraçar os aspectos mais sombrios de nossa natureza — aqueles desejos, hábitos e comportamentos que permanecem escondidos e não são ditos. Talvez nutramos profundos sentimentos de inveja, raiva ou amargura, ou temos sentimentos violentos ou sexuais que nos fazem sentir culpados ou envergonhados.

Não podemos esperar crescer e ser verdadeiramente bem-sucedidos se nunca confrontarmos esses lados desconfortáveis de nossa personalidade. Algumas pessoas passam anos se escondendo deles, chegando ao ponto de negar que existam. No entanto, durante todo esse tempo, a escuridão enterrada está afetando sua vida de todas as maneiras não saudáveis.

Ao longo dos meus anos de coaching, entendi como pode ser assustador e desconfortável simplesmente admitir que seus demônios existem, e mais ainda lidar com eles. No entanto, é crucial entender e aceitar esses aspectos de si mesmo e parar de vê-los como seu inimigo. Em vez disso, abrace-os como parte de quem você é. Se necessário, procure outras pessoas — seja um amigo, conselheiro ou terapeuta — para ajudá-lo a aceitar o que quer que esteja incubado dentro de você. Ao fazer isso, você abrirá a porta para um profundo crescimento pessoal.

> Seja amigo e trabalhe com seus demônios,
> caso contrário, eles o controlarão.

ENTRE EM AÇÃO

Aproprie-se de seus demônios
Não é fácil, mas encorajo você a ser muito honesto consigo mesmo, identificando e reconhecendo seus demônios. Sem fazer isso, é praticamente impossível superá-los. Não é preciso aprovar seus desejos, comportamentos ou hábitos embaraçosos ou ocultos, mas simplesmente reconhecê-los para si mesmo.

Abra-se com alguém
Você poderia ficar em silêncio e tentar trabalhar com eles sozinho, mas vai enfrentar dificuldades. Nossos demônios são quase sempre algum tipo de vício, e você se lembrará da dica nº 18, quando vimos que se abrir com os outros é uma parte-chave de superar qualquer vício. Talvez você hesite ao compartilhar questões muito embaraçosas ou tabus, muitas vezes, nem mesmo com um profissional, muito menos com seu parceiro, membro da família ou amigo.

Supere suas preocupações sobre se sentir envergonhado ou ser julgado pelos demais e encontre um terapeuta profissional — alguém com quem você possa se abrir e que o guiará e apoiará ao longo da jornada de lidar com seu lado mais sombrio. Esses profissionais já ouviram tudo isso antes, então nada vai surpreendê-los ou chocá-los.

54

PARE DE ESPERAR PARA SER FELIZ

| *Pare de dizer: "Eu serei feliz quando..."*

Em nossa busca por uma vida de sucesso, muitos de nós cometemos o erro de vincular nossa felicidade e sucesso a acontecimentos e conquistas futuros. Dizemos a nós mesmos que seremos felizes quando...
- Terminarmos a graduação;
- Ganharmos uma promoção;
- Nos casarmos;
- Nos aposentarmos;
- Nos mudarmos de casa;
- Vendermos nossa empresa;
- Mudarmos de carreira;
- Encontrarmos um novo parceiro;
- Emigrarmos;
- Estivermos em forma e saudáveis.

Na minha atividade de coaching, encontro muitas pessoas que adiam a satisfação, a felicidade e o sucesso para um ponto distante no futuro. Muitos estão suportando a infelicidade hoje na esperança de que as coisas mudem amanhã. Isso é uma ilusão. A felicidade não é um destino, mas um estado de ser, e a busca por um amanhã melhor não deve ocorrer à custa de sentir-se contente hoje.

Ao reconhecer que a felicidade está toda na jornada, você se liberta da pressão de precisar alcançar metas distantes para se sentir feliz e contente. Pode então aprender a ver a felicidade em cada experiência encontrada, conexão feita e aprendizado adquirido. Uma vez que começa a fazer isso, você desbloqueia seu potencial de sentir alegria e contentamento todos os dias.

> A felicidade é uma escolha que você faz todos os dias, não algo para esperar sentir no futuro.

ENTRE EM AÇÃO

Mude sua abordagem

Reflita sobre seus padrões de pensamento e comportamento e pergunte-se até que ponto você tem a tendência de pensar "Eu serei feliz quando...". Talvez você não consiga parar de pensar assim da noite para o dia, mas não permita que esses pensamentos o tornem infeliz com suas circunstâncias atuais.

- Se você acha que será mais feliz em uma casa maior com jardim, tenha cuidado para não ficar chateado e supercrítico com seu atual apartamento pequeno;
- Quando sentir que só será feliz quando tiver um filho, não fique deprimido e chateado a cada dia que passa sem filhos;
- Se acredita que só ficará contente quando seu divórcio acontecer, não deixe que todos os dias restantes do seu casamento sejam cheios de amargura e raiva.

Seja feliz hoje

Em vez de passar o dia desejando conquistas futuras, comece a sentir gratidão pela sua vida hoje, como ela é agora. Isso pode ser apreciar o quão sortudo você é por ter seu apartamento pequeno e aconchegante, ou valorizar a liberdade que você tem atualmente como casal sem nenhuma responsabilidade de criação de filhos.

Esse conselho pode parecer "mais fácil na teoria do que na prática", mas reflete uma verdade de que todos estamos em uma jornada, e devemos a nós mesmos aproveitar ao máximo cada dia que passa.

PEÇA DESCULPAS

| *Tenha a coragem de admitir quando está errado.*

A capacidade de expressar arrependimento, reconhecer erros e admitir que está errado é inestimável. Infelizmente, muitas pessoas têm muito orgulho e ego para reconhecer isso, e veem o comportamento apologético como fraqueza. Isso pode causar uma série de problemas em todos os tipos de relacionamentos, pessoais e profissionais: ninguém gosta ou confia em uma pessoa que se recusa a reconhecer quando está errada e nunca demonstra qualquer humildade.

Demonstrar remorso e reconhecer quando suas palavras e ações estão erradas são habilidades que podem ser aprendidas e dominadas por meio da prática. Ao fazer isso, você diminui o poder do seu ego e orgulho e fortalece sua humildade e inteligência emocional. Você se sentirá melhor, e seus relacionamentos se tornarão mais confiáveis, abertos e colaborativos.

> Dizer "desculpe" pode ter um impacto profundamente positivo em sua vida e em seus relacionamentos.

ENTRE EM AÇÃO

Peça desculpas na hora
Adquira o hábito de pedir desculpas assim que perceber que é a coisa certa a fazer, em vez de hesitar e atrasar. Pedir desculpas na hora reduz qualquer ressentimento e aborrecimento que possa surgir. Às vezes, você pode precisar reforçar seu pedido de desculpas inicial, porque naquele

momento a outra parte pode estar muito chateada ou emocionada para ouvi-lo claramente.

Seja sincero
Um pedido de desculpas genuíno é sempre mais do que palavras (em seu e-mail, mensagem ou conversa). Sua sinceridade também deve ser visível em sua linguagem corporal e, mais importante, em suas ações futuras. Esteja pronto para agir de maneiras que demonstrem que você aprendeu com seu erro, que não o repetirá e que valoriza o relacionamento com aqueles que você magoou.

Aprenda com suas ações
Entenda a causa raiz de suas ações e trate a necessidade de pedir desculpas como uma oportunidade de reflexão pessoal e de abordar as coisas com mais cuidado da próxima vez.

Aceite o pedido de desculpas dos outros
Quando os papéis são invertidos e outras pessoas pedem desculpas a você, esteja preparado para aceitar o que elas dizem, e tente deixar de lado qualquer ressentimento ou rancor que possa estar guardando.

56

ACEITE QUE O DESTINO PODE PREGAR PEÇAS

| *Encare as injustiças da vida.*

Justo quando você pensa que tudo está ótimo e sob controle, a vida tem o hábito desagradável de pregar peças. Não é uma questão de se, mas de quando. Às vezes, pode ser algo tão dramático ou impactante quanto seu parceiro terminar o relacionamento, a perda de um ente querido ou uma demissão repentina de emprego, mas muitas vezes pode ser algo mais comum, mesmo que mude a vida, como não conseguir entrar na universidade da sua primeira escolha. Isso me lembra a velha piada dita por Woody Allen: "Se quiser fazer Deus rir, conte a ele seus planos".

Esses momentos muitas vezes nos deixam chocados e desorientados, e é natural que perguntemos: "Por que isso está acontecendo comigo?" ou "O que eu fiz para merecer isso?" A partir daí, é muito fácil fazer o papel de vítima e ficar amargo e cínico.

Mas, por mais doloroso que seja, um acontecimento inesperado e desagradável pode ser exatamente o chamado para despertar de que sua vida precisa. Trate esses momentos como oportunidades para reavaliar e realinhar sua vida, reexaminar suas escolhas e decidir se você precisa alterar o curso da jornada.

> Aceitar que a vida pode ser injusta e aprender
> a viver com essa realidade
> é muito saudável e libertador.

ENTRE EM AÇÃO

Não leve automaticamente para o pessoal
Sempre que for impactado por más notícias, é útil entender o que aconteceu e perguntar o que poderia ter feito de diferente. O que você perdeu? Foi sua culpa? Às vezes, há uma resposta fácil: você não estudou o suficiente, perdeu sinais de que sua empresa estava com dificuldades, de que seu desempenho no trabalho estava fraco, de que seu parceiro estava muito infeliz.

Mas muitas vezes não há uma explicação simples. Não havia como você saber nem mesmo evitar o que aconteceu. Justificadamente, chamamos esses eventos de "destino", "atos de Deus" ou apenas azar. Se este for o caso, não desperdice energia se culpando — simplesmente diga a si mesmo que você teve azar e que vai superar isso.

Veja as peças que a vida prega como catalisadores para mudanças positivas
Quando o destino destruiu seus planos, tirando algo que você esperava — uma vaga na faculdade, um casamento, segurança no emprego ou sua saúde plena —, não caia no desespero e não desista desse objetivo, sonho ou ambição. Em vez disso, veja esse percalço como uma oportunidade de refletir e perguntar o que você realmente quer e qual seria um resultado alternativo e satisfatório. Reserve algum tempo para explorar as opções e oportunidades disponíveis que ainda estão abertas.

57

NÃO ENTRE EM TODOS OS CONFLITOS

| *Escolha suas batalhas com sabedoria.*

É muito tentador entrar em todos os conflitos e desentendimentos que surgem em seu caminho — desde oportunidades de apontar que alguém está errado até enfrentar o comportamento inaceitável de alguma pessoa.

Muitos de nós, porém, entram nos embates pelos motivos errados: impulsionados pelas emoções, pelo ego e pelo sentimento de dor, em vez de princípios e fatos. Além disso, se você é do tipo que sempre quer corrigir erros e desafiar as pessoas, provavelmente vai para a batalha todos os dias da sua vida.

Toda luta deixa uma marca, e envolver-se em conflitos pode facilmente tensionar relacionamentos, aumentar aflições e prejudicar o seu bem-estar e o dos outros.

O curso de ação mais sensato é escolher suas batalhas com sabedoria. Entenda as nuances em jogo e só então decida quais mal-entendidos, injustiças e desentendimentos realmente precisam da sua atenção e seu envolvimento. Caso contrário, contenha-se e afaste-se. Ao fazer isso, você ajudará a preservar os relacionamentos e o bem-estar de todos.

> Escolher sabiamente quando evitar
> ou se envolver em conflitos
> é uma habilidade de vida importante.

ENTRE EM AÇÃO

Saiba o que o motiva
Antes de entrar em qualquer briga, pergunte-se o que o motiva a se envolver. É seu ego e suas emoções? Ou é uma decisão fria e objetiva que o levou a esse curso de ação? Em caso de dúvida, faça uma pausa e respire fundo — certifique-se de que você não está simplesmente entrando em um conflito por causa do seu orgulho e do desejo de ter a última palavra (revise a dica nº 16).

Pense em seus princípios e valores. Isso o ajudará a determinar os tipos de questões que valem sua intervenção. Talvez você valorize a bondade e a justiça, então ver seu colega sendo intimidado é definitivamente uma linha vermelha. Conhecer seus valores torna muito mais fácil para você decidir se um conflito em formação realmente merece seu tempo e energia.

Escolha o campo de batalha
Se tiver certeza de que precisa intervir, certifique-se de escolher o campo de batalha apropriado. Quais situações são mais bem tratadas privadamente em conversas individuais e quais podem ser tratadas em grupo ou em equipe? Da mesma forma, pense se é apropriado conduzir quaisquer discussões potencialmente tensas por e-mail ou telefone, ou se elas precisam acontecer pessoalmente.

Aprenda a não fazer nada
A habilidade mais difícil, em especial se você é naturalmente cabeça-quente ou é um lutador, é saber quando mostrar comedimento e não fazer nada. Não se envolver e parecer deixar os outros vencerem pode ser visto como sinal de fraqueza, quando na verdade é um sinal de maturidade e autocontrole. Você pode desenvolver essas qualidades simplesmente se afastando de todo conflito do qual não precisa fazer parte. Fazendo isso algumas vezes, ficará mais fácil, e você descobrirá que seu ego e suas emoções terão menos controle sobre você.

58

SUPERE SUA KRYPTONITA

| *Saiba o que o paralisa.*

Todos nós temos, em nossa vida, elementos que podem nos deixar impotentes e nos impedir de atingir nosso pleno potencial. Assim como o Super-homem ficou paralisado ao entrar em contato com a pedra verde brilhante de seu planeta natal, você também pode ter vulnerabilidades que o enfraquecem ou até mesmo o paralisem.

Descobrir qual é a sua versão da kryptonita envolve uma exploração honesta de seus gatilhos e medos, bem como saber quais situações têm o potencial de desencadeá-los, e evitá-las. Em geral, nossa kryptonita surge em duas formas:

- Na presença de alguém, você se vê incapaz de se expressar livremente. Pode ser um pai ou irmão dominador com quem você tem muita história e tensão, ou um colega ou amigo supercrítico e opinativo que destrói tudo o que você diz;
- Ao se encontrar diante de uma tarefa específica — talvez uma apresentação ou uma entrevista —, nos encontramos paralisados de medo e lutamos para seguir em frente; podemos ficar literalmente sem palavras.

Para viver seu pleno potencial, é hora de descobrir qual é a sua kryptonita e aprender a superar seus efeitos paralisantes.

> Encontrar maneiras de lidar com pessoas ou acontecimentos que o paralisem é essencial para o sucesso da sua vida.

ENTRE EM AÇÃO

Identifique sua kryptonita
Dedique algum tempo para listar experiências passadas que o deixaram enfraquecido e incapaz de operar a 100%. Sua lista de kryptonita provavelmente se dividirá em duas categorias, como vimos:
1. Pessoas na presença das quais você luta para ser você mesmo;
2. Tarefas e atividades que o deixam paralisado.

Desenvolva estratégias de enfrentamento
Crie algumas fronteiras e regras para se proteger de pessoas e situações que desencadeiam traumas e o paralisam. Isso pode envolver decidir não ter contato com determinadas pessoas ou, pelo menos, minimizar as interações. Quando não puder evitá-las, desenvolva soluções alternativas para ajudá-lo a lidar com a situação. Por exemplo, se achar difícil falar e expressar seus sentimentos na presença de alguém, compartilhe suas opiniões ou comentários por escrito.

Da mesma forma, com qualquer tarefa ou atividade que o paralisa, experimente soluções como delegá-las ou terceirizá-las, ou mudar a forma da tarefa — como pré-gravar uma mensagem em vez de falar ao vivo e pessoalmente.

Você também pode precisar se esforçar para aprender novas habilidades ou procurar ajuda profissional para superar suas reações paralisantes a uma pessoa ou tarefa. Por exemplo, você pode fazer um curso de treinamento em assertividade ou encontrar um coach de oratória.

Finalmente, esteja disposto a compartilhar suas vulnerabilidades com familiares, amigos íntimos e colegas — pessoas que lhe darão apoio moral e incentivo, e até mesmo algumas dicas úteis.

MANTENHA SUA MENTE SAUDÁVEL

| *Não fique calado sobre sua saúde mental.*

Nossa mente é a máquina por meio da qual vivemos — através dela experimentamos a realidade e criamos nossas percepções, escolhas e respostas ao mundo ao nosso redor. Quando nossa mente está saudável, somos capazes de nos sentir positivos e de ver as coisas com clareza, de tomar decisões sensatas e de viver uma vida plena.

Manter a saúde mental não é fácil, dada a gama de pressões e desafios que enfrentamos — desde desafios pessoais e pressões sociais até preocupações com relacionamentos, trabalho e finanças. Para muitos, o simples fato de superar cada dia pode parecer uma grande conquista mental. Vejo isso no meu trabalho de coaching, em que os clientes estão tentando funcionar de maneira ideal enquanto enfrentam todos os tipos de lutas mentais que os afetam de maneiras muito diferentes — como enxaquecas, estresse, incapacidade de se concentrar ou relaxar, burnout, insônia, preocupações, pensamento excessivo, ataques de pânico, irritabilidade e depressão.

Estar com a mente saudável é mais do que simplesmente estar livre de qualquer doença mental reconhecível. É não ser atormentado por ansiedades, preocupações ou sentimentos negativos esmagadores e, em vez disso, ser capaz de funcionar de maneira calma e equilibrada.

> É tão importante manter a saúde mental quanto a saúde física.

ENTRE EM AÇÃO

Fale sobre esse assunto
Supere qualquer tendência de ficar calado sobre sua saúde mental por medo de ser visto como fraco e incapaz de lidar com isso. Não somos ajudados pelo contínuo estigma associado a qualquer tipo de doença mental e pelo fato de que os outros não podem facilmente perceber quando você não está 100% mentalmente saudável. Por essas razões, está com você a responsabilidade de falar e compartilhar o que está sentindo, para permitir que outros entendam e ajudem. Nunca se sabe: ao falar, você pode ajudar os outros com a saúde mental *deles*.

Cuidado com conselhos superficiais
Não permita que outras pessoas lhe deem conselhos e opiniões se elas não entenderem verdadeiramente o que você está passando. Muita gente minimiza o que os outros enfrentam, fazendo comentários bem-intencionados, mas prejudiciais, como "Você vai se sentir melhor depois de uma boa noite de sono", "Controle-se, você vai ficar bem" ou, pior ainda, "Seja homem e se controle...".

Reconheça que é uma jornada contínua
Procure um bom tratamento e ajuda para seu problema imediato — seja ansiedade, ataques de pânico ou insônia —, mas não pare por aí. Em vez disso, veja seu desafio mental atual como um alerta para cuidar de sua saúde mental geral, adotando alguns hábitos e comportamentos mentais saudáveis. Eles podem incluir:
- Técnicas de redução do estresse;
- *Mindfulness*;
- Afastar-se de pessoas tóxicas;
- Superar vícios;
- Falar gentilmente consigo mesmo;
- Enfrentar seus medos e seu lado sombrio.

Muitos desses aspectos são abordados neste livro. A chave é experimentar para descobrir quais hábitos e comportamentos saudáveis específicos o ajudam e, em seguida, torná-los parte de suas rotinas diárias e semanais.

60

BUSQUE AMIZADES PROFUNDAS

Valorize a qualidade em vez da quantidade quando se trata de amizade.

Pare de se preocupar com quantos seguidores você tem nas redes sociais ou com quantos amigos o convidam para o bar ou para jantar. O verdadeiro sucesso não tem relação com o número de amigos que você tem; o que importa são a profundidade e a autenticidade dessas conexões.

O ideal é ter algumas amizades profundas e preciosas que resistam ao teste do tempo — com pessoas que estejam ao seu lado nos momentos bons e ruins e que proporcionem um senso de pertencimento que suporte seu bem-estar mental e emocional. Essas são as pessoas que o aceitam como você realmente é, e atuam como pilares de força quando necessário.

Tais amizades raramente são estabelecidas com rapidez, mas exigem tempo, sabedoria e energia para amadurecer e durar. Elas se aprofundam com as experiências compartilhadas, a comunicação aberta, honesta e mútua, e uma genuína vontade de apoiar as jornadas uns dos outros.

É muito melhor ter um pequeno número de amizades significativas do que dezenas de amigos superficiais.

> Escolha suas amizades com muito cuidado.

ENTRE EM AÇÃO

Busque conexões genuínas
Dê uma olhada em sua gama de amizades hoje e liste aqueles amigos com quem sente uma conexão profunda e significativa — são nesses relacionamentos que você deve investir e que deve valorizar. Suas outras amizades podem parecer importantes também, mas, ao escolher onde dedicar seu tempo e atenção, seu foco deve estar nas amizades mais profundas.

Ao conhecer novas pessoas, tenha discernimento e invista energia apenas em relacionamentos com quem você acha que terá uma amizade significativa.

Mantenha suas amizades
Manter uma boa amizade requer que ambas as partes façam um esforço — investindo tempo, atenção, confiança e abertura.

É um processo bidirecional de dar e receber — às vezes você é o ombro amigo, e outras vezes seu amigo está lá quando você está enfrentando uma luta. Seja gentil e clemente com amigos íntimos — ocasionalmente você pode precisar se desculpar por negligenciá-los, e outras vezes eles podem pedir desculpas por fazer algo que o incomodou.

61

APRENDA A CAMINHAR ANTES DE CORRER

| *Pratique a paciência.*

A paciência é uma virtude importante em todas as áreas da vida — seja para dominar uma habilidade, desenvolver um novo hábito, alcançar uma meta pessoal ou simplesmente para lidar com o que a vida lhe lança. Sua capacidade de ser paciente pode ser a maior chave para o seu sucesso, pois ter um pouco de paciência pode ajudá-lo de muitas maneiras. Como a:

- Evitar avançar muito rápido e ficar sem fôlego ou enfrentar um obstáculo estando despreparado;
- Esperar os momentos certos, mantendo-se comprometido com os objetivos;
- Parar para revisar e reajustar como você trabalhará em direção aos seus objetivos;
- Manter o impulso diante de contratempos e desafios.

Em nossos primeiros anos, aprendemos a andar dando pequenos passos, com paciência — ficando em pé, cambaleando enquanto damos um ou dois passos, antes de cair e tentar novamente. Como adultos também, em muitas das tarefas que enfrentamos, o sucesso só é possível se dermos passos como os de um bebê, de maneira deliberada, em direção ao nosso objetivo.

Isso é particularmente verdadeiro quando enfrentamos tarefas grandes ou assustadoras, nas quais a única maneira sensata de proceder é trabalhar com paciência em pequenas partes da tarefa maior, para garantir que façamos progresso constante.

> Ser paciente muitas vezes é a maneira mais rápida de alcançar o sucesso.

ENTRE EM AÇÃO

Mude a mentalidade de "preciso ir rápido"
Se tem uma personalidade impaciente e sempre quer correr na frente, você precisa se controlar e praticar a desaceleração. Aprenda a reconhecer que o progresso só pode acontecer por meio da paciência — talvez porque o desafio seja novo, desconhecido ou complexo. Nessas situações, permita-se ser guiado por amigos ou colegas temperamentalmente mais inclinados a levar as coisas mais devagar.

Crie metas realistas
Com tarefas grandes, divida de maneira paciente o que precisa ser feito em uma série de metas alcançáveis e trabalhe para alcançar cada uma delas. À medida que atinge cada meta, reserve um momento para celebrar e agradecer àqueles que estão ajudando você. Trabalhando dessa forma, com paciência, você tem tempo para revisar seu progresso e ajustar sua abordagem dependendo do que está funcionando e do que não está.

CUIDADO COM PRIMEIRAS IMPRESSÕES

| *Não tenha pressa em julgar os outros.*

Ao longo da vida, conhecemos pessoas on-line ou pessoalmente e formamos opiniões imediatas sobre elas. É um hábito e uma necessidade humana antiga: para determinar se um desconhecido é amigo ou inimigo, precisamos processar rapidamente suas palavras, aparência e linguagem corporal. A pessoa é uma ameaça ao nosso bem-estar ou será uma aliada?

Essas impressões iniciais e rápidas têm grande impacto em nossa vida, pois influenciam nossos futuros comportamentos e atitudes em relação às pessoas que acabamos de conhecer — o novo colega de trabalho de quem você gosta instantaneamente e quer conhecer melhor, ou sua nova sogra que parece um pouco fria e dura e com quem você sente que vai querer evitar conviver.

Na maioria das vezes, os julgamentos rápidos se mostram corretos: a pessoa realmente é muito rígida, introvertida, formal, nervosa, astuta ou egoísta. Mas você já esteve do lado que recebe esses julgamentos rápidos e se sentiu injustamente rotulado? Afinal, a outra pessoa só passou alguns minutos com você e não pode ter visto o seu verdadeiro eu, muito menos conhecido sua história.

Existe um risco muito real de que nossa pressa em julgar estranhos leve a oportunidades perdidas de novos relacionamentos significativos. Isso pode fechar as portas para mais compreensão, exploração e descoberta, e corre o risco de nos deixar com uma visão de mundo mais limitada e mais preconceituosa.

Eu desafio você a parar de julgar os outros instantaneamente e a estar aberto às possibilidades e experiências que o fato de ser mais paciente e aberto pode trazer para seus relacionamentos e para toda a sua vida.

> Dar-se um tempo garante que você não julgue alguém de maneira injusta.

ENTRE EM AÇÃO

Questione suas suposições
Às vezes, sua impressão inicial não captura a imagem completa por causa de seus próprios filtros — uma mistura de preconceitos, cultura, experiências passadas e personalidade. Em geral, o modo como percebe as pessoas pode fazer com que você categorize e julgue de modo incorreto alguém que acabou de conhecer. Isso se aplica igualmente às pessoas com quem você sente uma conexão imediata, tanto quanto quando não nos sentimos instantaneamente atraídos por alguém.

Vá um pouco mais fundo
Evite agir de acordo com seus instintos até sondar um pouco mais e obter informações adicionais. Dê ao novo colega ou vizinho o benefício da dúvida e faça algumas perguntas abertas para aprender mais sobre ele. Ao olhar além de suas primeiras impressões, você pode descobrir que sua reação inicial estava certa o tempo todo... ou pode ter uma surpresa agradável.

63

ABRA-SE À INCERTEZA

| *Seja ágil diante da volatilidade.*

Hoje, o novo normal é que nada permanece estável e normal por muito tempo! Heráclito, filósofo grego da Antiguidade, pode ter dito isso há milhares de anos — "Tudo flui" (*panta rhei*) —, mas hoje em dia essa é uma realidade que nos é imposta quase que de maneira cotidiana. Constantemente enfrentamos disrupções, grandes e pequenas, que podem virar nossa vida de cabeça para baixo em um instante. Rotinas e ambientes previsíveis e sólidos ficaram para trás. Vemos isso acontecendo ao nosso redor, seja na forma de pandemias e crises econômicas imprevisíveis, ou crises inesperadas de custo de vida e tecnologias que se tornam obsoletas.

Isso é mais do que simplesmente lidar com mudanças e enfrentar tempestades, um tópico que abordei na dica nº 17. Em vez disso, trata-se de aprender a prosperar quando as coisas ao seu redor são voláteis, incertas e ambíguas. Ao reconhecer e entender isso, você poderá desenvolver a mentalidade e as habilidades necessárias para abraçar proativamente esse novo normal.

> Sentir-se confortável com mudanças constantes ajudará você a navegar pelos altos e baixos da vida.

ENTRE EM AÇÃO

Aprenda a prosperar em um mundo volátil e incerto
Torne-se confortável com a volatilidade em sua vida e no mundo — simplesmente espere por ela e não se surpreenda mais quando algo que

você pensava ser estável e claro de repente virar de cabeça para baixo. Adote uma mentalidade flexível e ágil para se adaptar mais facilmente à medida que as circunstâncias mudam. Para aqueles ao seu redor, você poderá ser um modelo positivo de como abraçar a volatilidade pela qual todos estamos passando.

Aprenda a tolerar coisas incertas e ambíguas, reconhecendo que muitos problemas e questões não são claros (e provavelmente nunca foram), e que suas respostas e soluções são ainda menos claras. Para ajudar a tomar as melhores decisões quando cercado de incerteza, reconcilie-se com o fato de tomar decisões sem nunca ter clareza absoluta. E depois de tomar essas decisões, esteja pronto para revisar e corrigir o curso com mais frequência do que está acostumado.

Fique atualizado sobre as mudanças
Mantenha-se atualizado sobre os desenvolvimentos em áreas que o afetam. Ao estar o mais informado possível, você estará em uma posição mais forte para antecipar e entender as mudanças futuras.

64

CONHEÇA SUA RELAÇÃO COM O DINHEIRO

| *Crie uma mentalidade financeira estável e positiva.*

As pessoas costumam dizer que dinheiro não é tudo, mas praticamente todos os aspectos da vida envolvem dinheiro, então é importante entendermos nossos sentimentos a respeito dele. Apenas pensar em questões relacionadas ao dinheiro pode despertar emoções intensas, em parte porque nosso relacionamento com ele se conecta ao nosso senso de autoestima, segurança e felicidade.

Nossas crenças geralmente vêm do relacionamento de nossos pais com o dinheiro, bem como de nossas outras experiências da infância e início da idade adulta. Através do meu coaching, observo dois relacionamentos principais:

- Um é uma mentalidade que vê o dinheiro como fonte de abundância e oportunidade, conectando-se ao crescimento e à confiança. É uma mentalidade que vê oportunidades de criar e gastar dinheiro em todas as situações, e acredita que o dinheiro virá mesmo quando você tiver muito pouco no hoje;
- A outra mentalidade está relacionada a sentimentos de escassez, insegurança e medo. Isso pode se expressar como preocupação constante em ter o suficiente, sentimentos de não ser digno de ter dinheiro e se encontrar preso em uma espiral de ansiedade e luta.

A maioria de nós alterna entre essas mentalidades, dependendo do que está acontecendo em nossa vida. Algumas pessoas, no entanto, parecem estar presas em uma delas — seja sendo cegamente otimistas sobre o dinheiro ou agindo como se nunca tivessem nenhum.

A chave é ter um relacionamento mental saudável com o dinheiro, não apenas pelo bem-estar financeiro, mas também pela sua satisfação geral com a vida.

> Faça do dinheiro seu amigo e parceiro.

ENTRE EM AÇÃO

Avalie sua relação com o dinheiro
Reserve um momento para refletir sobre seus sentimentos e suas crenças sobre dinheiro. Ao refletir sobre as duas perguntas a seguir, você pode descobrir o que o dinheiro significa para você:
- Você vê o dinheiro como uma fonte de abundância ou de escassez?
- Você está mais motivado pelo medo e pela preocupação ou pela confiança e calma ao pensar sobre seus problemas, planos e decisões financeiras?

Cultive uma relação saudável com o dinheiro
Parabéns se você já tem uma mentalidade positiva de abundância. Lembre-se sempre, no entanto, de apreciar o fato de que o dinheiro não é um fim em si mesmo — é simplesmente um meio de criar uma vida significativa e satisfatória. Nesse sentido, dinheiro não é tudo.

Se diagnosticar que está mais próximo de uma mentalidade de escassez, permita-se começar a sentir gratidão pelo que você tem, em vez de se concentrar no que falta. Seja gentil consigo mesmo quando se trata de suas questões financeiras e reconheça que o sucesso financeiro é uma jornada na qual obstáculos e contratempos são esperados.

65

ENCONTRE O EQUILÍBRIO COM OS MEMBROS DA FAMÍLIA

| *Encontre maneiras de se dar bem com sua família.*

Por mais que queira, você não pode escolher sua família. Talvez você tenha relacionamentos muito próximos e calorosos com seus pais e irmãos — relacionamentos fortalecidos por ter o mesmo DNA —, mas, infelizmente, conflitos, rivalidades e desentendimentos são comuns, pois muitos de nós navegamos por tensões parentais, rivalidades entre irmãos e outras dinâmicas familiares não saudáveis.

Nessas situações, seguir conectado aos membros da família pode parecer uma tarefa impossível. As "soluções" que surgem, muitas vezes, são menos do que ideais: seja afastando-se, ficando sem falar com eles ou envolvendo-se em uma briga. Além disso, familiares difíceis, com caráter, crenças e hábitos únicos, raramente mudam, mesmo que você peça educadamente e os encoraje a fazer isso. Não é à toa que tantos membros da família só se reúnam em casamentos, velórios ou feriados.

O segredo é aprender a viver com relacionamentos e dinâmicas familiares difíceis, de uma maneira que seja civilizada e preserve sua sanidade e seu bem-estar. Pode ser um processo interminável, exigindo que você reconheça suas necessidades e seus sentimentos, enquanto exerce uma mistura de empatia, coragem, compaixão e disposição para se comunicar.

> Aprender a lidar com membros da família desafiadores exige esforço e coragem.

ENTRE EM AÇÃO

Assuma o comando do que está sob seu controle
Sua presença ou ausência física é uma alavanca-chave que você pode usar ao navegar por relacionamentos difíceis. Ao aceitar ou recusar convites para reuniões familiares, você poderá gerenciar seu bem-estar. Seu desafio é gerenciar as expectativas de seus pais, irmãos e parentes que esperam que você compareça aos eventos, independentemente de qualquer coisa. Você precisará de clareza e coragem para dizer "não" e estar preparado para explicar por que não irá a determinado evento familiar.

Muitos dos conselhos sobre como se afastar de pessoas tóxicas e criar limites (veja a dica nº 12) podem ser igualmente aplicados ao considerar como você lida com membros difíceis da família.

É normal (e comum) fazer concessões — passar o mínimo de tempo possível com membros desafiadores da família, mas sem se afastar para sempre. Com sorte, essa interação reduzida será suficiente para trazer calma mental e equilíbrio.

Infelizmente, dada a história compartilhada, os membros da família podem ter um forte controle mental sobre você, e esse controle mental pode permanecer mesmo se você não os encontrar mais pessoalmente. O segredo é fazer um esforço mental de não ter gatilhos ao pensar neles e no modo como eles podem ter tratado você no passado. Quando pensamentos negativos relacionados a eles vierem à sua cabeça, diga a si mesmo que tudo está bem agora, que foi no passado e que agora você está bem.

DÊ O FORA QUANDO ACHAR CONVENIENTE

| Mude de emprego ou de carreira quantas vezes precisar.

Atualmente, a noção de uma carreira vitalícia em uma única empresa, campo ou mesmo um setor acabou. É cada vez mais esperado, e até mesmo visto como saudável, mudar de emprego e carreira.

Começar de novo é inevitável se você quiser permanecer fiel a si mesmo. À medida que ganha novas percepções, perspectivas e experiências, suas opiniões sobre o que constitui trabalho significativo e um ambiente de trabalho desejável evoluirão.

Como resultado, mudar de função e carreira pode ser a única maneira de garantir que sua vida profissional permaneça a mais recompensadora e motivadora possível. Mudar de função também é inevitável, dada a constante emergência de novas funções de trabalho à medida que as antigas desaparecem.

Uma vez que reconhece que sua vida profissional será composta por uma série de diferentes empregos e oportunidades de carreira, você pode se libertar das noções tradicionais de lealdade e compromisso. A lealdade ao seu próprio crescimento agora terá precedência sobre a lealdade cega a uma empresa ou um setor. O ideal é ser superleal e dedicado a um emprego enquanto estiver nele, mas livre para seguir em frente a qualquer momento para buscar novas oportunidades.

> Aprender a mudar de emprego quando e como precisar é uma habilidade importante.

ENTRE EM AÇÃO

Faça coaching de carreira regularmente
Seu objetivo geral é criar um caminho de carreira flexível que se adapte e se alinhe continuamente com o seu verdadeiro eu, à medida que você evolui e muda.

- Reserve um tempo para avaliar seus interesses, valores e objetivos, perguntando-se como eles mudaram desde a última vez que pensou neles. Pense em como seu atual cargo e ambiente de trabalho se alinham com eles e como você se sente motivado pela sua carreira atual;
- Esteja pronto para explorar novos caminhos de carreira quando sentir que a lacuna entre onde você está agora e suas aspirações está aumentando demais. Você saberá que uma lacuna está surgindo quando sentir que seu trabalho está ficando entediante, monótono, repetitivo, sem sentido ou não mais desafiador o suficiente e/ou você não mais encontrar seu gerente e ambiente de trabalho agradável ou inspirador;
- Saiba quais de suas habilidades e experiências são transferíveis e podem ser aproveitadas em um setor ou função diferentes. Além disso, identifique as habilidades que não possui e que permitiriam que você se mudasse para um novo campo de trabalho. Esteja pronto para aprender essas habilidades enquanto dedica tempo a construir conexões profissionais nesse campo.

FIQUE FELIZ EM SUA PRÓPRIA COMPANHIA

| *Pratique a solidão.*

Todos nós precisamos passar tempo sozinhos para a garantia de nosso bem-estar e crescimento. Infelizmente, na agitação da vida, pode ser difícil reservar um tempo para ficar sozinho. Aqueles ao seu redor podem nem estar dispostos a deixar que isso aconteça.

Passar tempo sozinho não é o mesmo que se isolar e evitar interações sociais, é um estado positivo que permite:
- Reconectar-se consigo mesmo sem as distrações e demandas de outras pessoas;
- Olhar para dentro, refletir e ganhar clareza sobre suas experiências, emoções, pensamentos e aspirações;
- Aprofundar a compreensão de quem você é, do que você gosta, precisa e valoriza, e do que lhe traz realização;
- Desenvolver autoconfiança, tornando-se menos dependente da felicidade, atenção, validação e presença de outras pessoas;
- Descobrir um nível de paz e contentamento que vem de dentro de nós mesmos, em vez de depender de estímulos externos e outras pessoas para fornecê-lo.

O maior benefício de se sentir confortável em sua própria companhia é que isso pode, paradoxalmente, ajudá-lo a prosperar em relacionamentos próximos com outras pessoas. Isso porque você tem menos probabilidade de depender demais dos outros para conquistar a felicidade e uma vida significativa, permitindo que seus relacionamentos sejam mais maduros e equilibrados.

> Passar tempo sozinho é uma solução econômica para muitos dos problemas da vida.

ENTRE EM AÇÃO

Planeje tempo sozinho
Quando foi a última vez que você resolveu passar algumas horas ou mesmo dias sozinho, sem mais ninguém por perto? Comece a reservar tempo em sua agenda para o "tempo para mim". Introvertidos acharão isso mais fácil de fazer, já que são temperamentalmente mais propensos a ficar bem com a própria companhia e terão passado mais tempo sozinhos do que um extrovertido típico (veja a dica nº 9 para recordar as diferenças de personalidade).

Faça coisas sozinho
Explore atividades e hobbies que você pode fazer sozinho, nos quais estará livre para ser e se expressar. Isso é muito importante para nosso bem-estar. Essas atividades incluem ciclismo, caminhada, viagens, leitura, jardinagem ou pintura. Se está em um relacionamento, reserve um tempo para comunicar sua necessidade de estar sozinho às vezes.

Desligue seus dispositivos
Estar sozinho e usar seu smartphone é trapaça, pois você não está realmente sozinho. Desconecte-se completamente, desligando seus dispositivos. Você sentirá uma sensação revigorante de libertação.

68

NOS DIAS DIFÍCEIS, RESPIRE

| *Alguns dias são mais difíceis de passar.*

Grandes partes da vida são preenchidas por rotinas monótonas e dificuldades comuns: dias cheios de congestionamentos, reuniões entediantes, crianças chorando, colegas irritantes, preparação de refeições sem inspiração e outras tarefas repetitivas. São dias que testam nossa paciência e compostura, e que ficamos muito felizes em simplesmente esquecer (e provavelmente com muita rapidez!).

Em vez de permitir que eles nos desanimem, é importante reconhecer que dias desafiadores fazem parte da vida. Mesmo as pessoas mais ricas, felizes e sábias têm dias assim; ninguém pode escapar deles. Ao reconhecer essa verdade, você pode aprender a navegar por eles com uma mentalidade mais positiva — na qual é possível abordar cada tarefa corriqueira ou irritante como uma oportunidade de praticar desapego, permanecer calmo, mostrar resiliência e até mesmo valorizar o cotidiano.

> Enfrentar os dias difíceis
> é uma habilidade importante a ser praticada.

ENTRE EM AÇÃO

Crie ou encontre momentos de alegria
Não subestime a importância de reservar tempo para pausas e atividades positivas. Mesmo os dias mais chatos podem ser iluminados

com pequenos prazeres, como um bom almoço, um rápido passeio ao ar livre ou ouvir rádio.

Seja gentil consigo mesmo
Dias difíceis não são sua culpa, e você não deve levá-los para o lado pessoal — são simplesmente parte da vida. Eles vão passar, então não adianta se martirizar nem ficar chateado. Em vez disso, fale consigo mesmo com a mesma compreensão e gentileza que mostraria a um amigo que enfrenta um dia igualmente desafiador.

Vá para a cama e faça uma reinicialização matinal
Felizmente, não importa quão horrível ou pouco memorável tenha sido o seu dia, você pode dormir e deixá-lo se transformar em história. Na manhã seguinte, passe alguns minutos contando suas bênçãos e sendo grato pelas pequenas coisas positivas que você tem em sua vida.

Quando souber que tem um dia difícil ou chato pela frente, estabeleça algumas intenções positivas para ajudá-lo a abordar tarefas corriqueiras ou irritantes com uma mentalidade saudável.

EXPLORE SEUS MEDOS

| Identifique e enfrente seus medos.

Todos nós temos medos, e não me refiro apenas aos óbvios e "clássicos", como medo de aranhas, altura ou escuro. Através do meu trabalho de coaching, explorei muitos tipos de medos ou fobias que meus clientes carregam consigo — medo de:
- Fracasso;
- Sucesso;
- Solidão;
- Dor;
- Decepcionar os outros;
- Não fazer as escolhas certas;
- Ser esquecido;
- Ser infeliz;
- Não ser valorizado ou reconhecido;
- Ser o centro das atenções;
- Falar em público;
- Não fazer as coisas perfeitamente;
- Envelhecer;
- Morrer.

Tais medos são causados por uma variedade de coisas, como traumas da infância, baixa autoestima, crenças limitantes ou simplesmente não gostar de coisas que parecem assustadoras ou que nos tiram da nossa zona de conforto.

Normalmente, não lidamos bem com nossos medos, muitas vezes porque são embaraçosos ou porque parecem um sinal de fraqueza. Mas nem todos os medos são ruins. Muitos são triviais e têm pouco impacto sobre nós, então podem ser ignorados — o medo de aranhas ou cobras é um exemplo disso. Alguns medos podem servir como avisos ou lembretes úteis: o medo de ter perdas financeiras, por exemplo, pode levá-lo a ser prudente ao tomar decisões de negócios.

Outros medos, no entanto — aqueles que precisamos enfrentar e superar — são os que causam impacto negativo em você e na sua capacidade de ser bem-sucedido; talvez seja o medo de irritar os outros, de fazer apresentações, de se destacar da multidão ou de viajar de avião.

> Ter uma boa relação com seus medos é um processo desafiador, mas muito gratificante.

ENTRE EM AÇÃO

Faça um inventário
Reserve um momento para identificar e listar seus medos. Divida-os em três grupos:
1. Aqueles que parecem triviais e podem ser ignorados;
2. Aqueles que podem ajudá-lo;
3. Aqueles que o impedem de alcançar seu pleno potencial.

É com o terceiro grupo que você precisa se preocupar.

Enfrente seus medos
É hora de parar de ignorar ou negar aqueles medos que o seguram e começar a abordar suas causas e como eliminar seus efeitos paralisantes.

Muitos desses medos são irracionais e facilmente explicados:
- Você percebe que teme entrar na água porque sua mãe nunca aprendeu a nadar e tinha medo de se afogar, um medo que ela passou para você, desencorajando-o de entrar no mar;
- Você teme a mudança porque seus pais se separaram quando você era muito pequeno, e você busca evitar mais mudanças traumáticas em sua vida.

A melhor maneira de lidar com esses medos é se expondo a eles em pequenas doses moderadas, que não o sobrecarreguem. Faça alguns voos curtos para ajudar a superar o medo de voar, por exemplo, ou pergunte ao seu chefe se você pode fazer uma breve apresentação na próxima reunião departamental para ajudá-lo a enfrentar o medo de estar no centro das atenções.

Pode ser que seja difícil para você superar sozinho alguns medos profundamente arraigados — muitas vezes ligados a traumas de infância e outras experiências traumáticas. Eles às vezes vêm de crenças negativas ou limitantes sobre si mesmo e suas habilidades, como acreditar que você nunca será bem-sucedido. Um terapeuta ou orientador psicológico pode ajudá-lo a descobrir suas causas primordiais e encontrar maneiras de superá-las.

PRATIQUE SEU "EU" IDEAL

| *Seja a melhor versão de si mesmo.*

Aprimorar-se até se tornar a melhor versão de si mesmo pode levar algum tempo, e você pode facilmente encontrar desculpas para atrasar esse processo ou mesmo chegar a desistir de sua jornada de autoaperfeiçoamento.

Felizmente, é possível acelerar o processo ao imitar aquelas qualidades e comportamentos que aspira dominar — um pouco como a ideia de fingir até conseguir.

Ao interpretar intencional e repetidamente traços e hábitos que ainda não são naturais para você, a fiação do seu cérebro e a memória muscular evoluirão, ajudando essas qualidades desejadas a se tornarem naturais.

Ao exibir consciente e pacientemente a mentalidade e os comportamentos do seu eu ideal, seu caráter e sua personalidade começarão a incorporar essas qualidades.

- Ao lembrar-se repetidamente de sorrir, expressar interesse e agir com calor com aqueles ao seu redor, você se tornará uma pessoa mais cuidadosa e empática;
- Ao se forçar a falar regularmente em discussões e reuniões, enquanto reconhece e constrói sobre as ideias dos outros, você vai trazer à tona seu lado mais extrovertido e colaborativo.

> Pratique ser a pessoa que você quer se tornar.

ENTRE EM AÇÃO

Comece com uma qualidade

Pense na diferença entre seu eu ideal e como você é hoje, e escolha uma qualidade importante que está lutando para dominar. Talvez seja algo que os outros reclamam que você não tem ou que visivelmente incomoda as pessoas.

Começando com essa única qualidade, crie a intenção de praticá-la e executá-la todos os dias. Pode ser fazer um esforço para sempre ouvir e apreciar as ideias e opiniões dos outros. Verifique consigo mesmo toda semana para revisar seu progresso e peça feedback de outras pessoas para descobrir se elas perceberam essa nova qualidade ou comportamento em você.

Uma vez que estiver funcionando, comece a encenar outros hábitos e comportamentos que não são fáceis para você.

Tenha modelos externos

Pode ajudar se você tiver alguém como referência para emular — um membro da família que demonstra o altruísmo ao qual você aspira ou um colega que mostra níveis desejados de persistência e diligência. Ao copiar ou espelhar o estilo ou atributo, tenha em mente que todos somos únicos, e como outra pessoa demonstra uma qualidade como empatia, ser inovador ou trabalhar de maneira inteligente pode não se alinhar exatamente com o modo como você precisa fazer isso.

71

SAIBA QUANDO FAZER UMA CONCESSÃO

| *Não seja teimoso.*

Todos os dias encontramos situações em que devemos escolher entre afirmar nossas necessidades e nossos desejos ou ser adaptável.
- Você não concorda com seu chefe quanto ao prazo para concluir uma tarefa importante — você simplesmente aceita o que ele está exigindo ou se mantém firme e corre o risco de irritá-lo?
- Você não consegue chegar a um acordo sobre os planos de férias da sua família — seu parceiro quer férias em uma praia na Espanha, enquanto você está interessado em fazer uma viagem de carro pelos EUA. Você vai ceder e ir para a praia, seguirá firme em seu próprio desejo ou encontrar uma solução de conciliação?

Todos nós temos padrões para o modo como, em geral, respondemos a diferenças e desacordos. Alguns de nós sempre falam o que pensam, mantêm-se firmes e nunca querem ceder, enquanto outros estão mais dispostos a serem flexíveis e a fluir com as ideias e ações das outras pessoas.

Fazer concessões pode parecer uma fraqueza, mas é, na verdade, um sinal de maturidade, pois requer uma capacidade de ser aberto e flexível, de ouvir com disposição os pontos de vista dos outros e entender suas ações e motivações. Ao escolher fazer uma concessão, você mantém relacionamentos e cria confiança, e resultados em que todos ganham podem surgir.

Às vezes, claro, a concessão não é a solução: quando você precisa defender suas crenças e seus valores ou defender seus limites e os dos outros, por exemplo. O segredo é ler cada situação bem o suficiente para poder decidir entre ser assertivo e ser flexível e, assim, alcançar o resultado ideal.

> Você não pode lutar todas as batalhas – é exaustivo.

ENTRE EM AÇÃO

Compartilhe suas necessidades e preocupações
Ouça atentamente e encoraje um diálogo muito aberto e honesto para que ambas as partes conheçam as necessidades, os limites e as preocupações uma da outra. Se necessário, faça uma pausa nas discussões até que todos tenham se acalmado e estejam aptos a realmente apreciar os sentimentos e as preocupações um do outro.

Busque um terreno comum
Somos muito bons em identificar diferenças e em abordar pontos de discordância, mas é mais difícil para nós reconhecermos nossas áreas de acordo e interesse compartilhado. Tomando o exemplo de férias citado há pouco, passe algum tempo descobrindo em que ponto você e seu parceiro estão alinhados — talvez vocês concordem com quinze dias de relaxamento, com boa comida, clima ensolarado e um orçamento abaixo de 4 mil libras esterlinas. Mas, mesmo depois de descobrir o que têm em comum, vocês precisarão ser flexíveis e adaptáveis se quiserem decidir entre passar as férias nos EUA ou na Espanha.

Saiba quando assumir uma posição
Enquanto tenta ser aberto e compreensivo, você precisa saber quando ser assertivo e marcar posição — compartilhar com a outra parte o que não é negociável e sobre o que você não está disposto a ser flexível. Isso requer um bom entendimento da situação e das outras partes, e pensar sobre como sua firmeza afetará o relacionamento.

NÃO SEJA MEIA-BOCA

> *Por que estou gastando meu tempo fazendo coisas que odeio?*

Você já se percebeu trabalhando em alguma atividade ou ainda estando em um compromisso e parou para se perguntar "por que, afinal, estou perdendo tempo com isso"? É altamente provável que, ao refletir sobre a resposta obtida, você tenha colocado, como resultado, o mínimo de esforço na tarefa e sinta-se completamente indiferente em relação àquela demanda.

A vida é muito curta para gastar tempo e energia em atividades que não nos motivam. Mas, na realidade, todos nos encontramos presos a tarefas, relacionamentos, carreiras e listas de coisas a fazer nas quais não estamos realmente interessados.

Não importa se é um relacionamento que o drena, um emprego que o deprime ou ainda outras tarefas em sua vida que o deixam vazio, fazer as coisas com indiferença o deixará sentindo-se insatisfeito e sem inspiração.

Essa não é uma boa maneira de viver, e a solução óbvia é buscar pessoas e tarefas que você possa abraçar de todo o coração — para ajudar a criar uma vida pessoal e profissional que acenda suas motivações e paixões.

Mas como?

> Seja tudo ou nada.

ENTRE EM AÇÃO

Seja autêntico
Pergunte a si mesmo quais partes de sua vida não o inspiram ou mesmo não o interessam, ou o deixam apático e desinteressado. Você tem duas opções: continuar ou parar de fazê-las!
    Pense por que você está fazendo cada uma delas. Talvez sejam meios aceitáveis para um fim, permitindo-lhe ganhar dinheiro para o futuro, ou obrigações que você se sente compelido a continuar cumprindo. De qualquer forma, explore como pode trazer seu "eu" completo para essas tarefas — você pode nunca se sentir 100% entusiasmado com elas, mas pelo menos tente ser neutro, não deixando que elas o desmotivem.
    Se é algo que você gostaria de parar de fazer, tenha a coragem de fazer isso acontecer. Não é fácil, e normalmente envolverá uma combinação entre dizer não, estabelecer limites e ter algumas conversas desconfortáveis. Pode até envolver mudar de emprego ou carreira, terminar um relacionamento ou mudar totalmente o modo como você passa seu tempo. Alguns dos conselhos deste livro, como o que dá dicas de como se afastar, a nº 12, podem ajudá-lo a navegar por essas mudanças.

PARE DE ESPERAR RECEBER ALGO EM TROCA

| *Doe livre e incondicionalmente.*

Doar sem esperar nada em troca parece uma premissa simples, mas na realidade não é nem fácil, nem comum. Normalmente, a maioria de nós tem uma mentalidade transacional, de pontuação — sempre esperando favores em troca do que fizemos e observando como a outra parte respondeu aos nossos atos de generosidade.

Enquanto carregamos essa mentalidade de olho por olho, dente por dente, tendemos a ficar chateados com mais facilidade, especialmente quando não recebemos nada em troca, e as "regras" da reciprocidade não são aplicadas.

Quando se permite doar incondicionalmente, sem nenhuma condição, você se liberta de esperar qualquer coisa e não está mais apegado ao resultado. Sua recompensa é simplesmente se sentir realizado por doar pelo simples prazer de doar, deixando-o com uma sensação de contentamento interno por ter enriquecido a vida daqueles ao seu redor.

Ao ser genuinamente incondicional em sua dádiva, você pode até mesmo desencadear uma reação em cadeia, incentivando outros a "levar adiante", copiando seu ato altruísta.

> É tão catártico ajudar outras pessoas sem nenhuma expectativa de recompensa.

ENTRE EM AÇÃO

Mude suas crenças
A partir de hoje, pare de esperar recompensas ou reconhecimento por seus atos de ajuda e generosidade. Isso não será fácil se você estiver condicionado a ajudar os outros apenas em troca de agradecimentos e ser reconhecido. Aprenda a confiar que doar livremente terá um impacto positivo, independentemente de ser reconhecido ou retribuído. O único resultado que deve lhe preocupar é o quanto de impacto positivo você está tendo e como poderia fazer ainda melhor da próxima vez.

Diga às pessoas que não espera nada em troca e sinta-se bem consigo mesmo por poder fazer uma diferença positiva na vida dos demais sem que eles se sintam pressionados a retribuir.

Busque oportunidades de se doar livremente
Não espere por momentos em que possa dar seu apoio, tempo ou recursos para ajudar os outros. Em vez disso, procure proativamente oportunidades para dar uma mãozinha ou ser um ombro amigo. Ofereça seu tempo a uma instituição de caridade local, mesquita, igreja, centro comunitário ou escola.

Se outras pessoas ficarem perplexas com seu comportamento quixotesco, explique que você está ajudando os outros incondicionalmente e, então, com sorte, você inspirará outros a também agir sem esperar nada em troca.

74

PENSE DE FORMA MAIS CRÍTICA

> Muitas vezes eu me martirizo por tomar decisões terríveis.

Entender e gerenciar como você pensa é essencial para criar uma vida de sucesso, mas, infelizmente, poucos de nós dominam essa habilidade. Na verdade, a maioria de nós não costuma pensar muito — estes exemplos provavelmente ressoam em você:

- Você chega a uma conclusão apenas porque ela parece boa, sem baseá-la em todas as informações disponíveis;
- Você toma uma decisão com base no que funcionou antes, sem perceber que as coisas mudaram;
- Você concorda com todos na reunião porque os outros acham que é o curso de ação correto;
- Você escolhe um caminho com base nas informações iniciais que recebeu, sem dar igual peso a dados novos e mais relevantes;
- Você busca informações para justificar uma decisão que já tomou.

A maneira como você pensa impacta as suas ações e escolhas, não importa se isso se relaciona com seus relacionamentos, sua carreira ou outras partes de sua vida. O ideal é garantir que todas as decisões que toma sejam racionais e bem-informadas para evitar dois erros muito comuns:

1. Manter-se com uma decisão simplesmente porque já investiu nela, por estar confiante demais sobre o que você sabe ou pode fazer e por confiar demais em informações que parecem confortáveis, mesmo que estejam erradas. Essas formas falhas de pensar são frequentemente chamadas de vieses cognitivos;

2. Pensar de maneira preguiçosa e superficial por não ser detalhista e crítico o suficiente ao avaliar informações — como não ler todos os detalhes disponíveis, falhar em conectar os pontos entre partes da informação ou ser incapaz de discernir fato de ficção.

> Invista tempo ao tomar decisões importantes para garantir que ficará feliz com as escolhas que fizer.

ENTRE EM AÇÃO

Conheça seus vieses
Adquira o hábito de observar como você toma decisões para identificar padrões e suposições prejudiciais. Aprenda sobre vieses comuns, como o viés de disponibilidade e o viés de confirmação, para saber se isso acontece com você. Antes de tomar qualquer decisão, faça algumas perguntas importantes, como:
- Eu levei em consideração todas as informações relevantes?
- Já enfrentei decisões semelhantes antes? Se sim, como isso está influenciando minha decisão atual?
- Outras pessoas estão influenciando meu pensamento de forma positiva ou negativa?
- Estou escolhendo um curso de ação apenas porque gosto dele, não por ser o certo?

Aprenda a pensar de forma mais eficiente
Invista mais tempo e esforço do que o normal ao revisar e avaliar informações e decisões futuras. Às vezes, pode levar apenas alguns minutos extras; outras vezes, algumas horas, mas é melhor desacelerar e tomar uma decisão mais consciente do que se apressar e depois ter que lidar com as consequências de uma decisão ruim.

Não aceite informações e suposições como verdades absolutas. Quando estiver inseguro, procure mais evidências. Além disso, mantenha a mente aberta por um período maior. Isso lhe dará tempo para considerar opções e perspectivas alternativas antes de chegar a qualquer conclusão. Talvez você tenha que consultar outras pessoas para comparar o pensamento delas com o seu.

75

SAIBA QUE NEM TUDO É SOBRE VOCÊ

| *Não espere que o universo jogue a seu favor.*

A vida tem o hábito de seguir o próprio fluxo, às vezes, entrando em conflito com nossos objetivos. Como resultado, quando as coisas não funcionam bem, podemos sentir que o universo conspira contra nós. De certa forma, isso é verdade, na medida em que as coisas nem sempre fluem como queremos. São esses os momentos em que a vida parece nos enviar uma mensagem de que talvez não seja a nossa hora. Os contratempos, as más notícias e os atrasos parecem dizer: hoje simplesmente não é o seu dia.

Embora isso possa ser decepcionante e até mesmo deixá-lo deprimido, reconhecer que o tempo pode estar fora do seu controle talvez ajude a reduzir seu nível de estresse e melhorar seu bem-estar. Agora você pode parar de ficar obcecado em alcançar tudo nos seus termos e no seu tempo, e, em vez disso, abrir-se para o fluxo da vida. "Tudo tem o seu tempo determinado, e há tempo para todo o propósito debaixo do céu", como sabiamente nos diz o Livro de Eclesiastes.

> Pare esperar que os eventos sigam o tempo que você deseja.

ENTRE EM AÇÃO

Tenha fé no fluxo da vida
Confie que o universo tem um plano para você, mesmo que não esteja claro e visível agora. Saiba que tudo acontece por uma razão, e que com

cada revés você tem a oportunidade de reavaliar e reformular como seguir em frente.

Use cada contratempo para ajustar sua mentalidade
Veja cada revés inesperado como outro lembrete para se concentrar no presente, em vez de se preocupar com como seus planos futuros foram interrompidos e com como você se ajustará. É uma oportunidade para desenvolver sua resiliência. Isso pode incluir praticar a calma e a paciência, além de permitir-se tornar-se mais adaptável e flexível.

76

COMEMORE AS CONQUISTAS DOS OUTROS

> Sinta-se feliz pelo sucesso dos outros, em especial quando eles se saíram melhor do que você.

Não é uma sensação boa quando as pessoas demonstram felicidade genuína pelo seu sucesso e suas conquistas? Quando os outros ao seu redor se regozijam com seus triunfos e vitórias, é um maravilhoso exemplo de empatia, maturidade e bondade. Podemos dar uma risada irônica ao ouvir a piada do romancista americano William Faulkner sobre morrer um pouco a cada vez que um amigo tem sucesso, mas na realidade não há muito a emular ou elogiar nessa atitude.

Ser generoso com nossos elogios deveria ser a resposta-padrão de todos quando familiares, colegas, amigos, vizinhos e até mesmo estranhos conquistam algo.

Infelizmente, muitas pessoas veem a vida como uma competição e são consumidas por uma inveja egoísta, muitas vezes lutando para até mesmo fingir que estão felizes, dizendo "parabéns" com um sorriso. Pior ainda, quando sentem que o sucesso de outra pessoa veio à custa do seu próprio, podem se mostrar perdedores amargos, consumidos pelas conquistas dos outros.

Não será surpresa que meu conselho para você seja abraçar uma mentalidade de generosidade — ser sempre genuinamente feliz pelos outros e saber perder. Celebrar o sucesso de outra pessoa sem se sentir inseguro e invejoso não custa nada e pode melhorar sua própria vida de muitas maneiras — cultivando em você um sentimento de positividade, abundância e inspiração, além de agradar a pessoa que você acabou de elogiar.

> Ser feliz pelos outros é a chave para uma vida feliz.

ENTRE EM AÇÃO

Apenas faça
Independentemente de como você se sente sobre o sucesso de outra pessoa, pratique o seguinte processo muito simples:
- Quando ficar sabendo do sucesso de alguém, não importa quão pequena seja a conquista, não fique em silêncio. Em vez disso, seja rápido em expressar seus parabéns, encontrando algumas palavras calorosas em uma mensagem ou pessoalmente. Certifique-se de que seu sorriso de congratulação pareça genuíno e aberto;
- Reforce seus parabéns iniciais com um compartilhamento subsequente de felicitações entre seu grupo de pares, talvez por e-mail ou em uma reunião;
- Mostre interesse sincero no que a pessoa alcançou, iniciando uma conversa sobre o que ela fez para ter sucesso, como se sente sobre isso e como planeja construir algo a partir daí. Afinal, você também pode aprender algo.

Mesmo que seja normalmente uma pessoa invejosa, ao repetir esse processo de maneira intencional algumas vezes, você começará a mudar o funcionamento do seu cérebro e descobrirá que ser generoso se tornará natural.

77

ADMINISTRE SUA PRESENÇA ON-LINE

| *Cuide da sua pegada digital.*

No mundo digitalmente conectado em que vivemos atualmente, sua atividade e presença on-line provavelmente são maiores do que as físicas. Desde redes sociais, e-mails, realidade virtual e aplicativos de mensagens, até mesmo plataformas de jogos, podcasts e contas e pagamentos on-line, estamos passando cada vez mais tempo em ambientes digitais.

No lado positivo, jogar, trabalhar e socializar on-line oferece uma grande variedade de maneiras de interagir com nossos semelhantes, tudo a partir do conforto de nossos dispositivos inteligentes e notebooks.

No lado negativo, há uma lista crescente de riscos relacionados à internet contra os quais devemos nos proteger:

- *Ciberbullying*;
- *Trolling*;
- Spam;
- *Grooming*;
- *Hacking*;
- *Phishing*;
- Roubo de identidade;
- Golpes financeiros;
- Contas e sites falsos;
- Roubo de dados;
- Vigilância;
- *Malware*.

Nossas atividades on-line têm consequências no mundo real, tornando ainda mais importante que você tome cuidado extra com sua presença e atividades nos ambientes digitais. É melhor investir tempo e esforço agora do que ter que lidar com o estresse futuro de cair em um golpe on-line ou ter sua conta de rede social hackeada.

> Trate sua presença on-line
> com o mesmo cuidado e atenção
> que você dá à sua presença física.

ENTRE EM AÇÃO

Seja um pouco paranoico
Antes de qualquer coisa, pare e reflita sobre o que você faz e publica on-line e questione *tudo*.
- Você tem alguma conta ou aplicativo não utilizado que deveria ser cancelado ou excluído?
- Você realmente precisa fornecer todos os seus dados pessoais ao preencher um formulário on-line, ou pode responder a algumas perguntas com informações falsas?

Proteja a si mesmo e a seus entes queridos
Leve a sério como você se protege on-line. No mínimo:
- Certifique-se de ter otimizado suas configurações de privacidade em todas as contas de rede social, aplicativos de telefone e sites que você usa;
- Tenha um software antivírus adequado em seu computador, certifique-se de que suas senhas são difíceis de adivinhar e que são alteradas regularmente, e ative a autenticação de dois fatores sempre que possível;
- Esteja atento ao que você diz e publica on-line, e presuma que isso permanecerá lá para sempre — pessoas estão perdendo ofertas de emprego por causa de antigas postagens inadequadas nas redes sociais;
- Esteja alerta para pessoas, e-mails, postagens e sites falsos — em caso de dúvida, exclua e não responda;

- Evite ligar seu vídeo ao conhecer pessoas on-line e tenha cuidado com os dados que compartilha com elas;
- Trate e-mails inesperados com cuidado e esteja atento àqueles que parecem ser de alguém que você conhece, mas na verdade não são.

78

SEJA UM INFLUENCIADOR DIÁRIO

| *Seja convincente e persuasivo – não force a questão.*

Ter êxito em influenciar e convencer outras pessoas pode fazer uma diferença realmente positiva em todas as áreas da sua vida — desde persuadir sua filha a estudar mais, negociar um aumento de salário com seu chefe e até convencer seu parceiro a comprar um carro elétrico e fazer com que os colegas comprem sua nova ideia.

Não se trata de forçar os demais a fazer o que você quer. Influenciar de forma eficaz é conquistar os outros através de uma história e visão convincentes, e buscar alinhar suas necessidades e interesses com os deles. Trata-se de conquistar o coração e a mente das pessoas. Quando faz isso bem, você cria incríveis resultados em que tanto você quanto aqueles com quem você vive e trabalha saem ganhando.

> Conquistar as pessoas para suas ideias e pensamentos é uma habilidade importante que pode ser aprendida.

ENTRE EM AÇÃO

Seja alguém que os outros querem ajudar
Se você quer que as pessoas atendam aos seus pedidos e às suas necessidades, certifique-se de que elas gostem, respeitem e confiem em você primeiro. Elas precisam vê-lo como alguém que escuta, tem empatia e é gentil e prestativo. A lógica desse conselho é fácil de entender se você se

colocar no lugar delas — você não estaria mais aberto a ouvir os pedidos de um colega ou amigo se já gostasse e confiasse nele?

Saiba do que você está falando
Antes de pedir ajuda aos outros de qualquer maneira, certifique-se de que é claro sobre:
- exatamente o que você gostaria que eles fizessem;
- por que você está pedindo especificamente a eles;
- como você pensa ou espera que eles respondam ao seu pedido;
- como você vai contornar qualquer relutância deles em concordar com o que você está pedindo.

Comunique bem o que você quer
Não importa se você está pedindo pessoalmente ou por e-mail, certifique-se de que suas palavras são claras e ressoarão com aqueles que quer conquistar. Use mensagens e histórias convincentes, e destaque os benefícios e o valor de concordar com seu pedido.

Além disso, pense no momento ideal e na forma de sua mensagem — isso pode significar esperar até que seu parceiro ou chefe esteja de bom humor, ou esperar até que você esteja cara a cara, em vez de perguntar por mensagem ou e-mail.

Entenda a outra parte
Se seu parceiro ou membro da equipe recuar e dizer "não" ao que você está pedindo, reserve um tempo para apreciar sua relutância e preocupações. Explore quais são suas motivações e seus interesses, e tire conselhos da dica nº 72, sobre como chegar a um acordo e encontrar uma solução em que todos ganham. Talvez você possa fazer uma concessão, de modo que a pessoa possa ajudá-lo, mas não exatamente da maneira que você esperava.

TIRE PROVEITO DO HUMOR

| *Não seja sério demais, se solte*

Compartilhar e inspirar momentos de riso é a solução para muitos dos problemas da vida. Ser capaz de rir é um lembrete simples de que não devemos levar a vida nem a nós mesmos muito a sério, e que momentos de alegria podem surgir mesmo nos dias mais estressantes.

Rir faz o corpo liberar endorfinas, mais conhecidas como hormônios do bem-estar. As risadas elevam nosso espírito, reduzem o estresse, melhoram o sistema imunológico e promovem bem-estar geral. Além disso, rir com os outros ilumina o humor de todos e ajuda a facilitar a comunicação e a construção de relacionamentos mais eficazes e abertos.

Infelizmente, não rimos o suficiente. Você costuma ver isso ao pegar o trem, sentar-se no escritório ou caminhar pela rua, onde a falta de vontade das pessoas de rir ou mesmo de sorrir pode sugerir que a maioria de nós está levando a vida muito a sério. É hora de se soltar, rir regularmente. Isso será ótimo para sua saúde e promoverá o sucesso em todas as áreas da sua vida.

> Rir todos os dias pode abrir a porta para todos os tipos de resultados positivos.

ENTRE EM AÇÃO

Ria de si mesmo
Pare de levar as coisas, incluindo a si mesmo, muito a sério. Quando se sentir sobrecarregado, estressado ou oprimido por coisas que não

saíram conforme o planejado, pare um momento, dê um passo para trás e ria. Ria de si mesmo por se preocupar demais, por esquecer que a vida é curta e que, no fundo, a maioria delas não importa tanto assim. Rir deve ajudar a melhorar seu humor e a colocar tudo em uma perspectiva mais equilibrada e positiva.

Se está sem prática e acha difícil se soltar, procure algumas atividades divertidas para ajudar a quebrar o gelo: brinque com seus filhos, comece uma reunião de equipe com uma atividade boba, vá ao pub com colegas e compartilhe piadas, ou visite um clube de comédia local.

Procure e passe tempo com pessoas divertidas e positivas em sua vida pessoal ou profissional, permitindo que a positividade delas influencie você.

Crie risadas ao seu redor
Assim que adquirir o hábito de rir e se divertir, compartilhe esses sentimentos positivos e essa energia com aqueles ao seu redor. Seja no jantar com a família ou no café com colegas, seja aquele que inicia uma história divertida e compartilha piadas.

80

SEJA TÃO CURIOSO QUANTO UM GATO

| *Faça perguntas, e então pergunte novamente.*

Em todas as partes da vida, desde os relacionamentos íntimos até a vida profissional, ser curioso garante que cresçamos e evitemos a estagnação. Isso nos ajuda a inovar, a fazer as coisas de maneira diferente e a descobrir novas oportunidades e jeitos de fazer as coisas.

A curiosidade está ligada a ter um senso de admiração infantil, de querer entender e dar sentido ao mundo ao nosso redor. Alguns de nós nascem mais naturalmente abertos e inquisitivos do que outros, mas, felizmente, é uma mentalidade que todos podemos praticar e desenvolver.

Ao fazer isso, ampliamos nossas perspectivas, aprofundamos nossa compreensão de tudo ao nosso redor e descobrimos novas maneiras de alcançar nossos objetivos.

A habilidade que vem naturalmente a toda pessoa curiosa é a de fazer perguntas e fazer pausas para garantir o entendimento. O poder de fazer perguntas incisivas, perspicazes e fora do padrão não é suficientemente enfatizado. Isso está ligado a parar de se lançar em qualquer coisa antes de entender completamente as questões, circunstâncias e opções relevantes.

> Fazer perguntas ajudará você a entender melhor qualquer tipo de situação ou pessoa.

ENTRE EM AÇÃO

Desenvolva uma mentalidade curiosa
Aborde todas as novas experiências com um senso de curiosidade e uma vontade de olhar ao redor e investigar um pouco mais. Não aceite as coisas pelo seu valor nominal ou depois de terem sido explicadas para você apenas uma vez. Em vez disso, reserve tempo e coragem para cavar um pouco mais fundo, fazendo as perguntas que acha que precisam ser feitas — às vezes, pode ser para esclarecer um ponto, e em outras, para forçar uma compreensão mais profunda de um assunto.

Desafie suposições
Não deixe pedra sobre pedra, se sentir que há mais a aprender e explorar. E saiba que é saudável questionar noções preconcebidas e suposições, mesmo quando você é o único a fazer perguntas e isso faz os outros sentirem que você não confia neles. Muitos dos problemas e das questões em nosso mundo estão ocorrendo porque preconceitos e suposições não são desafiados.

Leia vorazmente
Nutra sua mentalidade curiosa lendo, estudando e aprendendo continuamente, e aplique o conselho dado na dica nº 46 para ajudá-lo a se tornar um aprendiz contínuo ao longo da vida.

81

MERGULHE AINDA MAIS FUNDO

| *Explore seu potencial ao máximo.*

Descobrir suas verdadeiras habilidades e potencial é essencial se você quiser conquistar tudo o que é capaz. Infelizmente, pouquíssimas pessoas descobrem isso e subestimam suas capacidades e nunca encontram seu potencial inexplorado. É como se estivessem mergulhando livremente no mar e subissem para respirar muito cedo, sem chegar a perceber que são capazes de prender a respiração por mais tempo e explorar ainda mais fundo.

É muito fácil pensar que não somos capazes de fazer mais e, só de pensar isso, nos impedimos de tentar explorar o que mais pode ser possível. As crianças são uma alegria de se observar, pois não têm ideia do que é possível e do que não é, então, ao contrário dos adultos, elas não se detêm criando crenças limitantes.

É tão incrivelmente poderoso acreditar que coisas ainda mais incríveis podem acontecer e então se permitir ir até lá e descobrir — no trabalho, como pai ou mãe, em um relacionamento ou simplesmente dentro de si mesmo.

Ao descobrir seu potencial inexplorado, você crescerá em confiança, sairá mais facilmente de sua zona de conforto e estabelecerá metas mais ambiciosas para si mesmo.

A dica nº 48 o encorajou a nunca se acomodar, e esta dica se baseia nesse conselho, incentivando-o a explorar proativamente o quão longe você pode ir, quão fundo você pode mergulhar livremente. A alternativa é nunca saber ou descobrir muito tarde na vida. Por que esperar se você pode começar agora?

> Você nunca saberá até onde pode chegar, até que tente.

ENTRE EM AÇÃO

Esqueça o que achava ser possível
Pare de ser uma daquelas pessoas que, em uma boate, passam o tempo todo sentadas no canto, alegando que não são boas dançarinas ou que não sabem dançar de jeito nenhum. Se deseja criar um futuro melhor para si mesmo, pare de ter crenças tão limitantes. Pare de citá-las para outras pessoas e pare de dizê-las para si mesmo. Mude seu diálogo interno para estar aberto a possibilidades e se perguntar: "Eu me pergunto do que sou realmente capaz... Vamos descobrir".

Estabeleça metas desafiadoras
Para ajudá-lo a superar seus limites mentais anteriores, crie algumas metas ambiciosas, mas alcançáveis. Chamadas de "metas desafiadoras", esses objetivos lhe darão algo com o que trabalhar, para motivá-lo e inspirá-lo a mergulhar mais fundo do que você jamais imaginou possível.

Suas metas desafiadoras podem ser criadas para qualquer parte de sua vida:
- Correr meias maratonas mais rápido;
- Completar relatórios com uma qualidade superior;
- Liderar uma equipe maior com sucesso;
- Tornar-se um especialista em falar em público;
- Ser um dançarino mais confiante;
- Tornar-se um chef premiado;
- Sentir-se mais confortável em um relacionamento permanente;
- Ganhar uma promoção no trabalho;
- Ser mais paciente e persistente.

O pior que pode acontecer é você falhar miseravelmente. No entanto, o mais provável é que você se surpreenda e descubra que, mesmo que tenha falhado na meta que criou, ainda terá estabelecido um novo recorde pessoal.

82

DESTRALHE SUA VIDA

| *Acabe com a bagunça.*

É muito fácil viver vidas literalmente transbordantes de posses físicas, obrigações e distrações. Na minha atuação como coach, me deparo com isto o tempo todo:

- Uma mulher com pelo menos cem pares de sapatos não tem espaço para armazenar mais nada e, portanto, seu parceiro diz: "Já chega!";
- Um jovem me mostra seu smartphone para provar que realmente tem mais de duzentos aplicativos baixados;
- Uma escritora que estou mentoreando perdeu um e-mail meu e culpou o ocorrido pelo fato de receber algumas centenas de e-mails por dia. Mais tarde, ela me mostrou sua caixa de entrada cheia de e-mails inúteis de empresas e produtos para os quais se inscreveu ou demonstrou interesse;
- Uma designer de produto aponta para seu calendário, lamentando o fato de que, devido a reuniões consecutivas, ela não tem um único espaço livre em sua agenda naquela semana;
- Um recém-nomeado chefe de uma organização sem fins lucrativos confessa que faz parte do conselho de meia dúzia de outras empresas e fica confuso sobre qual papelada se relaciona com qual empresa.

Às vezes, me sinto exausto só de pensar nas situações dessas pessoas! Mas todos nós temos exemplos semelhantes de desordem em nossa vida, seja física ou mental. Apegar-se a tudo isso pode ser um vício, pode trazer conforto ou até mesmo fazer você se sentir importante, mas não importa como justifique ter tantas coisas, não é uma maneira saudável de viver.

Abraçar a simplicidade é o caminho a seguir. Isso não significa jogar tudo fora nem cancelar todos os compromissos; trata-se de deixar de lado intencionalmente as coisas que não trazem nenhum valor ou benefício real. Ao buscar a simplicidade, você cria espaço físico e mental para si mesmo, liberando-se para se concentrar no que realmente importa em sua vida.

> Simplificar sua vida libera um espaço mental e físico que é muito libertador.

ENTRE EM AÇÃO

Busque qualidade em vez de quantidade

Adote uma mentalidade de "menos é mais", deixando de ver a aquisição de coisas e compromissos como um emblema de honra positivo. Só porque tem uma agenda cheia de reuniões, armários cheios de roupas novas, uma pilha grande de livros não lidos ao lado da cama ou uma agenda social lotada não significa que você é uma pessoa bem-sucedida e feliz.

Em vez disso, comece a acompanhar e apreciar o que realmente precisa e valoriza. Pergunte a si mesmo se realmente precisa daquele novo par de sapatos, do último romance premiado ou de mais uma posição em um conselho.

Destralhe fisicamente

O processo de organizar suas coisas e eliminar o que você não precisa mais é catártico e libertador. Isso pode envolver:
- Jogar fora aqueles temperos velhos no armário da cozinha;
- Organizar o que você guarda nas gavetas do escritório;
- Mudar para um apartamento menor;
- Livrar-se de um segundo carro não utilizado;
- Entrar em um site para vender metade do seu guarda-roupa.

Espero que muitas dessas coisas não acabem em aterros sanitários. Tente encontrar novos lares para todos os seus pertences descartados, vendendo-os ou doando-os para caridade, família ou amigos.

Destralhe mentalmente
Reserve um tempo para explorar quais tarefas, atividades e pensamentos podem ser eliminados. Isso ajudará você a reduzir o que seu cérebro precisa lembrar e focar.
- Você pode trabalhar menos e assumir menos tarefas — menos viagens, reuniões, projetos etc.?
- Suas férias podem ser reduzidas, com tempo gasto em uma praia tranquila em vez de um passeio acelerado por três países?
- Você realmente precisa de quatro cartões de crédito e/ou várias contas bancárias on-line?
- Você poderia se tornar mais consciente, deixando de lado preocupações e problemas desnecessários que talvez ocupem sua cabeça?

83

COLOQUE A MÁSCARA DE OXIGÊNIO PRIMEIRO EM VOCÊ

> Não coloque sempre as necessidades dos outros à frente das suas.

Nessa vida ocupada que levamos, é muito fácil descobrir que estamos ajudando outras pessoas enquanto nos esquecemos de nós mesmos. Equilibrar trabalho e família pode deixar você com pouca energia ou tempo para suas próprias necessidades.

Negligenciar a si mesmo pode parecer gentil e altruísta, mas em algum momento reduzirá sua capacidade e motivação para fazer qualquer coisa, incluindo ajudar os demais.

Ao reservar um tempo para cuidar de si mesmo, você manterá seus níveis de energia e motivação, permitindo apoiar mais eficazmente aqueles ao seu redor.

Colocar sua própria máscara de oxigênio metafórica primeiro é um ato sábio de compaixão consigo mesmo. Nunca permita que outras pessoas o façam se sentir culpado quando dizem que colocar a si mesmo em primeiro lugar é egoísta. Você está simplesmente valorizando a si mesmo e reconhecendo que, ao cuidar de si, está mais bem equipado para enfrentar todos os seus desafios e suas obrigações — de forma sustentável.

> Cuidar de suas próprias necessidades antes das dos demais é essencial para o seu bem-estar.

ENTRE EM AÇÃO

Cinco dicas para colocar a si mesmo em primeiro lugar
- Observe-se de perto: reconheça quando estiver se sentindo sobrecarregado, precisar dar um passo atrás e dar tempo a si mesmo;
- Seja tão gentil consigo mesmo quanto é com os outros. Mostre a mesma compaixão e empatia que oferece aos seus entes queridos;
- Reserve tempo em sua rotina diária para si mesmo, momentos que não negocia nem cancela com facilidade. Use esses momentos para se reabastecer e rejuvenescer: leia, medite, caminhe, vá à academia ou faça uma massagem;
- Proteja seu bem-estar dispondo-se a recusar pedidos para fazer coisas que o esgotem. Evite permitir que outras pessoas o chantageiem emocionalmente para que você empregue tempo e energia quando sentir que isso só vai derrubá-lo;
- Assim como os outros o procuram quando precisam de ajuda e apoio, faça o mesmo, abordando os demais quando precisar desabafar e se abrir.

84

APRECIE AS COISAS DA VIDA QUE NÃO TÊM PREÇO

> Lembre-se, um sorriso amoroso vale mais que mil carros chiques.

É muito fácil associar sucesso e felicidade ao que possuímos e ao que podemos comprar. Muitos de nossos comportamentos e hábitos perpetuam essa crença — como nossa obsessão por celebridades, assistir a reality shows e ser viciado em redes sociais.

Ter dinheiro é obviamente importante, já que muitas coisas precisam ser pagas: a comida em nosso prato, um teto sobre nossa cabeça, um meio para nos locomovermos. Mas você nunca encontrará felicidade e realização genuínas em sua vida se não apreciar as muitas coisas valiosas que vêm sem preço.

Ao olhar para trás e refletir sobre a própria vida, as pessoas moribundas não falam de como eram felizes por possuir uma casa de três quartos, dirigir uma sucessão de carros chiques ou ter um grande plano de aposentadoria. Não, são as coisas que o dinheiro não pode comprar que formam suas memórias mais queridas, como:

- O calor do sorriso de um parceiro;
- O amor entre elas e seus familiares;
- A beleza de um pôr do sol ou de uma vista do topo de uma colina;
- Desfrutar da paz interior;
- Tempo com os filhos;
- Momentos de risos e diversão com amigos;
- Sentir-se valorizado e apreciado;
- Não estar estressado ou ansioso;
- Estar na natureza.

São esses presentes inestimáveis que tornam a vida mais completa e significativa. Ao parar para apreciá-los, você terá muita alegria, propósito e felicidade, independentemente de suas circunstâncias financeiras.

> Aprender a apreciar e valorizar as coisas gratuitas da vida lhe trará uma alegria indescritível.

ENTRE EM AÇÃO

Mude sua perspectiva
Aprenda a apreciar os pequenos prazeres da vida, coisas que até agora você pode ter negligenciado ou visto como triviais. Para perceber seu imenso valor, fique atento e presente ao realizá-las — seja ouvir música, tomar uma xícara de chá com amigos, ler um ótimo livro ou comer com pessoas queridas.

Aproveite a natureza
Passar tempo ao ar livre e apreciar o mundo natural oferece alegria e bem-estar a baixo custo — você pode escolher caminhar em um parque local, fazer uma trilha na floresta ou tomar banho no mar. A dica nº 93 fornece mais informações sobre a importância de estar na natureza.

Valorize suas amizades
Passe seu tempo com pessoas que o energizam e inspiram. Lembre-se de que desenvolver e manter relacionamentos significativos pode exigir seu tempo e atenção, mas não precisa custar dinheiro.

Busque conhecimento gratuito
O conhecimento é algo incrivelmente valioso que, graças à internet, está cada vez mais disponível gratuitamente. É possível aprender e se desenvolver sem pagar nada — seja assistindo a vídeos de autoajuda no YouTube, fazendo cursos on-line gratuitos ou visitando sua biblioteca local.

ENFRENTE QUESTÕES NÃO DITAS

| *Não jogue a sujeira para debaixo do tapete.*

Todos nós já ignoramos problemas: situações das quais estamos profundamente conscientes, mas sobre as quais preferimos não falar e reconhecer, quanto mais enfrentar e resolver. Essa tal "sujeira debaixo do tapete" vêm em todas as formas e tamanhos, e são coisas que ignoramos para evitar discussões, tensão, desconforto ou constrangimento.

Por meio do meu trabalho de coaching, percebi que essas questões não ditas em geral estão relacionadas a más notícias ou coisas que não estão indo bem e se enquadram em algumas categorias:
- Desafios de relacionamento e familiares;
- Questões de integridade e ética;
- Dificuldades e problemas financeiros;
- Problemas de saúde e doenças;
- Péssimo trabalho em equipe ou liderança;
- Problemas de desempenho no trabalho;
- Más decisões de negócios;
- Dificuldades de carreira.

Em certas ocasiões, os problemas se resolvem sozinhos, mas na maioria das vezes, ignorá-los só piora a situação — as dificuldades financeiras crescem, os relacionamentos se desfazem, decisões ruins ficam mais caras... E é fácil evitar abordar essas questões, em especial quando você sente que é um problema de grupo e não tem vontade de ser aquele que inicia uma discussão. Requer coragem e às vezes desespero, mas reconhecer que esses problemas existem é o primeiro passo para resolvê-los.

> Não jogar a sujeira para debaixo do tapete pode limpar o ar e remover obstáculos em sua vida.

ENTRE EM AÇÃO

Entenda sua parte
Com qualquer problema difícil, é muito fácil culpar os outros e se fazer de vítima. Quando há "sujeira a ser jogada para baixo do tapete", pergunte-se qual foi sua parte em causar, criar ou perpetuar o problema. Esteja disposto a reconhecer isso em qualquer discussão posterior sobre o assunto.

Converse com os outros sobre a sujeira compartilhada...
Tenha coragem de iniciar a conversa, mas, antes disso, planeje como, com quem e onde a questão delicada será discutida. Você pode achar mais fácil conversar individualmente com cada membro da família ou equipe envolvido antes de facilitar uma discussão em grupo.

Esse tipo de conversa requer um ambiente psicologicamente seguro, onde as pessoas se sintam livres para se abrir sem se preocupar com retaliações. Espere que emoções difíceis e lágrimas sejam expressas e que possíveis dedos apontados e jogos de culpa surjam. Seja um modelo de calma, empatia e não julgamento, e mostre que está ouvindo ao fazer comentários como "Eu ouço o que você diz", "Eu realmente entendo", "Eu sinto o mesmo".

... e resolvam juntos
Não existem dois elefantes exatamente iguais; cada um tem sua própria combinação única de contexto, pessoas envolvidas, impactos e história. Mas, como regra geral, você pode resolver qualquer um deles:
- Abrindo-se à ajuda externa; por exemplo, pedindo a um membro da família ou colega neutro para ajudar a facilitar ou mediar;
- Limpando o ar, dando às pessoas tempo para superar sentimentos de mágoa, culpa e raiva;
- Escrevendo e concordando com um plano de ação que defina os resultados ou metas ideais;
- Reservando tempo para reconhecer e celebrar juntos quando o problema tiver sido resolvido com sucesso.

86

FAÇA COISAS
PELA PRIMEIRA VEZ

Tenha novas experiências, hobbies, habilidades... qualquer coisa nova!

A vida pode facilmente se tornar rotineira e monótona, em especial dada nossa tendência a ficar com o que conhecemos bem e com o que estamos confortáveis. Isso pode parecer seguro e previsível, mas você perderá a profundidade e a riqueza que só vêm de novas experiências e de provar coisas pela primeira vez.

Ter novas experiências e oportunidades nos traz muitos benefícios:
- Nos desperta e nos ajuda a nos sentirmos mais vivos;
- Amplia nossos horizontes e o senso do que é possível;
- Nos mantém alertas e torna a vida emocionante;
- Injeta energia e entusiasmo em nossas vidas;
- Nos ajuda a descobrir novas paixões e propósito de vida;
- Constrói nossa confiança para abraçar a mudança;
- Nos abre a novas percepções, aprendizados e descobertas;
- Nos incentiva a ser mais inovadores, criativos e adaptáveis.

Fazer qualquer coisa nova pode parecer assustador, intimidante e difícil, mas os pontos positivos quase sempre superam os negativos. Então, o que está esperando? É hora de procurar algo novo!

> Experimentar coisas novas com regularidade vai energizá-lo.

ENTRE EM AÇÃO

Trabalhe em sua lista de "coisas a fazer pela primeira vez"
Reserve um tempo para criar uma lista de todas as atividades e experiências possíveis que lhe interessam, mas que você nunca experimentou. Talvez nunca tenha pensado nelas ou talvez até tenha pensado, mas por algum motivo não se deu uma chance.

Ao criar sua lista, pense nas situações em que você se sente entediado, complacente ou estagnado. É nessas áreas que deve buscar novas experiências. Se acha que se exercitar em casa está ficando monótono, experimente uma aula de *kickboxing* ou zumba; se está cansado das férias na praia, encontre uma maneira completamente nova de passar seu tempo livre.

Depois de criar sua lista, use-a como um guia a ser seguido, marcando as coisas à medida que as experimenta. Se estiver se sentindo um pouco intimidado em pular direto para algo totalmente novo, faça um teste com a nova experiência primeiro, fazendo uma aula experimental de zumba ou adicionando uma caminhada na montanha às suas férias na praia. À medida que ganha mais confiança, você pode se permitir assumir experiências novas mais significativas.

Considerando quanta coragem e esforço podem ter sido necessários, lembre-se de parar e se dar um tapinha nas costas quando tiver tido sucesso em experimentar algo pela primeira vez.

87

FAÇA OS OUTROS SE SENTIREM BEM ... E FAÇA O BEM

| Tenha um impacto positivo nas outras pessoas.

Não importa o quanto você esteja ocupado e focado em seus próprios problemas e objetivos, nunca se esqueça de ajudar e apoiar outras pessoas. O simples ato de estar presente para os outros é um dos papéis mais profundos e significativos que qualquer um de nós pode desempenhar.

Quando todos nós agimos dessa maneira, nos unimos, e os benefícios se estendem além de um único ato de ajuda. Ao ser genuinamente altruísta e gentil, você desencadeia com suas ações alguns efeitos dominó incríveis:

- Seus atos de bondade liberam hormônios do bem-estar que o ajudam a se sentir mais positivo e menos estressado;
- Por meio do conceito de karma (tratado na dica nº 27), você descobrirá que as pessoas ao seu redor estarão mais abertas a ajudá-lo em troca — mais dispostas a estar presentes quando você precisar de uma mão extra, de algum feedback positivo ou de alguém para ouvir seus problemas;
- Seu exemplo tornará aqueles ao seu redor mais propensos a serem generosos com as pessoas em sua vida.

> Esteja sempre presente
> para ajudar outras pessoas.

ENTRE EM AÇÃO

Busque formas de ajudar
Todos os dias, seja aberto e proativo em oferecer seu tempo e palavras positivas a qualquer um que pareça precisar. Pergunte regularmente às pessoas: "Como posso ajudar?" A ajuda que você oferece pode ser tão pequena quanto fazer um café para alguém ou entregar sua correspondência. Mas às vezes pode envolver fazer algo mais substancial, como levar um vizinho ao hospital ou trabalhar no fim de semana para ajudar um colega sobrecarregado com uma tarefa urgente.

Seja gentil e prestativo
Ajude as pessoas que menos esperam e faça isso de forma aleatória — talvez seja dar uma caixa de chocolates a um vizinho prestativo ou um buquê de flores a um colega simplesmente para agradecer por tudo o que eles fazem.

Ajude desinteressadamente, sem esperar nada em troca
Lembra do conselho dado na dica nº 73 sobre ser generoso e prestativo sem esperar nada em troca? Doe seu tempo, sua energia e seus recursos aos outros simplesmente pelo prazer de levar alegria e positividade ao dia deles.

88

DESENVOLVA UM SISTEMA DE ALERTA PRECOCE

| *Não seja pego de surpresa pelo que a vida lhe lança.*

Podemos estar tão envolvidos no momento presente que esquecemos de olhar para a frente de maneira proativa. Mantemos a cabeça baixa e deixamos de notar obstáculos futuros, possíveis crises ou oportunidades em desenvolvimento. Isso é totalmente compreensível, já que apenas passar o dia pode consumir nosso tempo e nossa energia. O segredo é focar o presente enquanto mantemos uma mentalidade proativa — uma mentalidade pronta para olhar para a frente e prever e navegar quaisquer altos e baixos em nosso caminho. É estar um passo à frente para evitar ser pego de surpresa.

Agindo dessa forma, você enfrentará menos choques estressantes — menos momentos de "se eu tivesse parado por um momento e pensado um pouco mais à frente". Quando alguma surpresa ocorrer, você terá mais chances de estar preparado e poder se adaptar e flexibilizar de acordo.

> Manter o olhar no futuro e no que pode acontecer pode ajudá-lo a evitar dificuldades indescritíveis.

ENTRE EM AÇÃO

Aprenda a esquadrinhar o horizonte
Antecipar o que pode acontecer na vida pessoal e profissional nunca será uma ciência exata, e nenhuma ferramenta única servirá a todas as

situações. Mas, como regra geral, mantenha os olhos abertos e reúna informações para identificar sinais de mudanças que possam estar por vir: um relacionamento se desfazendo, um cliente ficando desconfortável com seu serviço ou seu chefe o retirando de um projeto importante.

Torne-se um planejador de contingências
Depois de se preparar para o que pode estar por vir, pense em suas opções de resposta e em seu resultado preferido. Você está feliz em deixar o relacionamento morrer e seguir em frente? Quer manter o cliente a qualquer custo ou permanecer naquele projeto de alto perfil?

Depois de escolher um caminho a seguir ou uma resposta, prepare-se completamente, em especial se previr um desafio difícil chegando. Decida se é melhor ser proativo e responder agora ou esperar até que o evento aconteça ou a decisão seja anunciada antes de reagir.

Tome decisões mais informadas
Use as mesmas habilidades de olhar para a frente e antecipar as coisas sempre que estiver tomando decisões importantes. Isso aumenta a probabilidade de você tomar a decisão ideal, e não uma da qual seu eu futuro vai se arrepender.

Equilibre o presente com o futuro
Ao ser proativo e olhar para o futuro, não perca de vista o presente. A dica nº 10 permanece verdadeira: focar o presente é a maneira saudável de viver. Continue ancorado no aqui e agora, mesmo enquanto prevê o que pode vir em sua direção amanhã.

USE OU PERCA

| *Gostaria de ter mantido aquela habilidade valiosa.*

Quando estamos ocupados, é muito fácil esquecermos ou relegarmos coisas para o final da lista de prioridades. Na maioria das vezes, isso pode ser bom, mas é uma pena se estiver negligenciando e deixando de aproveitar coisas nas quais você pode ter trabalhado por anos. Em geral, isso acontece com habilidades que adquirimos e relacionamentos que desenvolvemos.

Podemos passar anos nos tornando especialistas em determinada habilidade ou área — tocar um instrumento, falar uma segunda língua, tornar-se especialista em direito de família ou investimento financeiro. Quando paramos de praticar essas habilidades, enfraquecemos a base do nosso sucesso. Quanto mais tempo negligenciarmos aquele talento ou conhecimento específico, mais difícil será voltarmos aos níveis anteriores de proficiência. O mesmo acontece com nossos relacionamentos. Podemos ter passado anos trabalhando ou construindo amizade com alguém e criando, altos níveis de confiança e respeito, mas então perdemos o contato ou não reservamos tempo suficiente para o relacionamento, e ele morre, em parte por causa da ideia de que "longe dos olhos, longe do coração".

Às vezes, essa negligência não é um problema, porque você decidiu conscientemente que a habilidade não é mais necessária ou que a amizade está superada. Mas e aquelas habilidades e aqueles relacionamentos esquecidos que podem ser de imenso valor e significado para sua vida? Aqui compartilharei dicas de como recuperá-los.

> É melhor manter suas habilidades do que se arrepender mais tarde de tê-las perdido.

ENTRE EM AÇÃO

Priorize o que é realmente importante
Regularmente, pense em com quem você corre o risco de perder contato ou qual habilidade ou área de conhecimento corre o risco de esquecer. Se decidir que não deseja perdê-los, certifique-se de colocá-los na caixa de alta prioridade de sua lista de tarefas.

Pratique de maneira intencional
Manter uma expertise não acontece por acaso. Isso só acontece por meio da prática regular e do uso das habilidades de forma consistente. Para evitar negligenciar habilidades, comece a incluir tempo em sua agenda semanal para praticá-las ou para se manter atualizado sobre o conhecimento mais recente.

Mantenha os fios da conexão
Mantenha uma lista atualizada daqueles que você considera (ou considerou) bons amigos e colegas de trabalho. Dedique tempo e energia para manter esses relacionamentos vivos e, em alguns casos, para reavivá-los reconectando-se. Nunca permita que esses relacionamentos se esvaneçam, a menos que decida intencionalmente que isso é o certo a se fazer.

Seja proativo e consistente na maneira como mantém contato: desde encontros individuais e mensagens regulares até enviar cartões de felicitações e convidar pessoas para eventos sociais ou profissionais.

Seja grato se algo retomar com algum esforço
Você pode descobrir que a habilidade negligenciada é tão recuperável quanto andar de bicicleta e, ao tentar usá-la novamente, percebe que ainda é tão proficiente quanto antes. Da mesma forma, com amigos com quem perdeu contato, quando finalmente se reconectar, você pode se surpreender com a força do vínculo e perceber que pode retomar de onde parou.

PERMITA-SE ENLOUQUECER

| *Persiga seus sonhos, não importa quão loucos sejam.*

Muitas pessoas perseguem o sucesso de maneiras convencionalmente sensatas, focando aspectos como produtividade pessoal, trabalhar de forma inteligente e alcançar objetivos "sérios". Isso pode funcionar na maior parte do tempo, mas é improvável que o deixe animado ou exclamando "Uau, uau... uau!".

Em algum momento, todos nós precisamos nos libertar da monotonia e previsibilidade do cotidiano. Afastar-se do normal em busca do louco. No cerne desse pensamento está o reconhecimento sóbrio de que a vida é curta, e que nossa morte pode não estar tão distante.

Abraçar a loucura é estabelecer metas audaciosas e extravagantes, tomar ações e decisões inesperadas e fora da caixinha. Deixe-se levar e faça tudo aquilo que você nunca teve coragem, mas sempre quis fazer — ter um relacionamento com alguém vinte anos mais jovem, viajar pelo continente africano de moto, estudar para ser padre, escrever aquele romance que está na sua cabeça há anos ou se tornar um naturista e tomar sol nu na praia.

Os outros dirão que você enlouqueceu, mas no fundo ficarão admirados e sentirão certa inveja. Alguns até se inspirarão a buscar suas próprias maneiras de se libertar e se sentir mais vivos.

> Ser louco pode ser a melhor maneira
> de realizar seus sonhos.

ENTRE EM AÇÃO

Sonhe como se o céu fosse o limite
Faça a si mesmo estas perguntas para descobrir como quer se libertar:
- Se tudo fosse possível e não houvesse restrições, quais metas e sonhos de vida você estabeleceria para si mesmo (sozinho ou junto com seus entes queridos)?
- O que você sente que está faltando ou com o que não está satisfeito em sua vida pessoal e/ou profissional?
- Quais atividades, experiências e relacionamentos você realmente deseja experimentar e buscar?

Depois de escrever suas respostas, pense se está pronto e é capaz de correr atrás delas. Compartilhe-as com aqueles mais próximos, especialmente se você precisar de ajuda e apoio ou se quiser fazê-las juntos. No entanto, não conte a qualquer pessoa. Para alguns, seus objetivos podem parecer imprudentes ou estúpidos, e críticas ou ridicularizações podem fazer você voltar para seu buraco "normal".

Viva de maneira espontânea
Além de correr atrás desses objetivos, permita-se viver mais no momento, abraçando a imprevisibilidade e a espontaneidade. Não importa quão loucos possam parecer, comece a dizer "sim" a convites e oportunidades, em especial àqueles que envolvam novas experiências, aventuras e pessoas para conhecer. Ao viver de modo espontâneo, no momento, você pode experimentar níveis de alegria e felicidade que nunca acreditou serem possíveis.

Seja gentil ao ser louco
Tente ser o mais compreensivo e gentil possível com aqueles cuja vida pode ser afetada por seus planos. Eles provavelmente terão dificuldade em entender ou gostar do que você está propondo — seja querer passar meses viajando pelo exterior, mudar para uma carreira que pague um salário mais baixo ou abrir mão de todo o seu tempo livre para voltar a estudar.

91

USE A IA
A SEU FAVOR

Supere o temor de que a IA tomará seu emprego e controle sua vida.

Toda semana, na mídia, vemos histórias de novas ferramentas e soluções relacionadas à inteligência artificial (IA) que impactarão nossas vidas de uma forma ou de outra. Vivemos uma época revolucionária, com especialistas dizendo que estamos à beira de um mundo em que a IA transformará todos os aspectos da nossa vida.

Os benefícios da IA são inegáveis: ganhos de eficiência e produtividade em todos os setores, lidar com uma complexidade e um volume maior de tarefas do que conseguimos sozinhos. Todos com quem falo sobre o assunto estão entusiasmados com as possibilidades, mas também estão cada vez mais preocupados. Tememos que a IA tome nosso emprego e nossa vida e que ela invada cada vez mais nossa privacidade e até mesmo nos controle. Não ajuda quando líderes tecnológicos globais alertam sobre a IA poder levar à extinção humana!

Apesar dessas crescentes preocupações, não devemos simplesmente resistir ao surgimento e aos impactos da inteligência artificial. O ideal é abraçá-la, concentrando energia e atenção em como ela pode ajudar a tornar nossa vida mais produtiva, agradável e gratificante, mesmo estando cientes dos riscos e perigos potenciais.

> Fazer amizade com a IA
> pode ajudá-lo a se destacar.

ENTRE EM AÇÃO

Veja a IA como uma parceira útil e positiva
Adote uma mentalidade de querer descobrir e aproveitar os benefícios e aspectos positivos da IA, ao mesmo tempo em que permanece atento aos riscos e perigos que ela pode oferecer. Sempre que for apresentado a um sistema ou aplicativo habilitado por IA, veja-o como seu parceiro em potencial e explore como ele pode complementar, apoiar e ampliar suas próprias habilidades e esforços. Dentro de sua equipe ou empresa, esteja à frente da curva, sempre abraçando os benefícios potenciais que a IA pode trazer para sua vida profissional.

Reserve tempo para experimentar
Esteja muito aberto a aprender, procurando ativamente e experimentando ferramentas e sistemas habilitados por IA, mesmo que, à primeira vista, eles não pareçam 100% relacionados ao seu trabalho ou às suas necessidades pessoais. Nunca se sabe o que você pode descobrir.

Fale quando a IA entrar em conflito com seus valores
Veja a IA com uma mentalidade positiva, mas fique atento a ferramentas habilitadas por inteligência artificial que possam funcionar ou ser usadas de maneiras que vão contra seus valores ou que são antiéticas. Por exemplo, um de meus clientes recentemente compartilhou que sua equipe testou um sistema de recrutamento on-line alimentado por IA, apenas para descobrir que seus algoritmos de software davam mais peso aos candidatos cujos currículos estavam organizados e formatados de certa maneira, mesmo que isso não tivesse relação com as verdadeiras habilidades e o potencial de cada pessoa.

DESPRENDA-SE DO QUE VOCÊ TEME PERDER

Ame o que você tem – mas esteja preparado para renunciar a isso com graça e desapego.

É natural sentir-se profundamente apegado a coisas que você conhece bem e valoriza — seja um relacionamento próximo, uma função profissional, relacionamentos com clientes, rotinas diárias, investimentos ou bens preciosos. Nenhuma pessoa sã quer perder algo com o qual se acostumou.

O perigo está quando nosso apego se transforma em um medo paralisante de perder aquela coisa — talvez o medo de seu parceiro o deixar, de perder seu emprego ou de não poder pagar a vida que você leva. Alguns de seus medos podem parecer justificados, talvez porque uma recessão econômica esteja iminente ou seu parceiro fale em ir embora.

O perigo é quando uma preocupação lógica se instala em sua cabeça e se transforma em um medo paranoico que causa estragos em sua vida. Você pode se agarrar tão fortemente a algo que seu medo se torna realidade: seu parceiro se sente metaforicamente sufocado e o deixa, ou você é demitido porque estava tão desesperado para ser visto como indispensável que se apropriou do trabalho de outras pessoas.

Além disso, ao se concentrar em reter o que possui agora, você pode deixar de reconhecer novas e melhores possibilidades; opções que podem trazer mais valor e significado do que você desfruta atualmente.

> Estar bem com a possibilidade de perder o que se tem deixa você livre para realmente viver a vida.

ENTRE EM AÇÃO

Entenda o que teme perder
Pense no que você teme perder e pergunte a si mesmo por que pode se sentir assim.
- Você está preocupado em perder seu parceiro porque depende demais dele financeira ou psicologicamente?
- Você teme perder seu emprego porque levou meses para consegui-lo ou porque acha que é velho demais para voltar ao mercado de trabalho?

Você pode nunca ter 100% de certeza de suas motivações, mas ter ainda que uma noção geral de por que você pode estar se apegando a algo é um primeiro passo para superar o medo de perdê-lo.

Desapegue
O conselho dado na dica nº 69 descreve como superar qualquer tipo de medo, e isso também se aplica quando você enfrenta o medo de deixar ir. Além disso, você precisa desenvolver uma mentalidade de desapego. Ser desapegado envolve não mais se preocupar com o que pode acontecer com você se perder algo:
- Esteja presente e faça o seu melhor agora, por exemplo, em sua função ou seu casamento, sem se permitir ficar paranoico com o que pode perder;
- Desenvolva uma mentalidade de abundância — sabendo que, mesmo que o pior aconteça, você tem confiança de que sempre haverá outras maneiras de ganhar a vida ou outras pessoas pelas quais se apaixonar.

Pratique o desapego, deixando de lado pequenos apegos primeiro, e perceba o quão fácil ou difícil isso é para você. Ao deixar de lado de maneira contínua os apegos e não permitir que novos se formem, você lentamente superará seu medo e, um dia, nunca mais temerá perder alguma coisa.

SAIA DE CASA

| *Reserve um tempo para estar na natureza.*

Por conta da tecnologia e do trabalho remoto, passamos muito tempo trancados em casa, sentados e grudados em nossas telas. Isso é prejudicial de muitas maneiras — em termos de bem-estar, níveis de estresse e habilidades mentais, bem como nos relacionamentos.

A solução é muito simples: passe o máximo de tempo ao ar livre, seja simplesmente saindo de casa ou do escritório ou viajando para um lugar onde exista natureza. Ao fazer isso, você evita ficar muito sentado, seus olhos não doem por ficarem muito tempo na tela, e você não se esgota trabalhando sob luz artificial e respirando ar que está ficando parado.

Quando está ao ar livre, você tem os efeitos energizantes do sol, da brisa e do som da natureza, tudo isso enquanto desfruta das belas paisagens. Esses momentos ao ar livre ajudam você a desconectar, a encontrar paz, calma e maior clareza, e em geral reduzem níveis de estresse e ansiedade. Você se sentirá muito melhor consigo mesmo, e será uma pessoa mais calma e agradável.

> Estar em meio à natureza é muito mais energizante do que ficar sentado no escritório.

ENTRE EM AÇÃO

Reserve um tempo em seu dia
Seja determinado e intencional ao reservar um tempo para sair todos os dias, mesmo quando estiver frio ou chuvoso. Pode ser apenas meia

hora em um parque ou praça local e uma caminhada à tarde em uma floresta ou à beira-mar. O único momento em que você pode ficar dentro de casa é quando a qualidade do ar estiver ruim ou houver uma tempestade perigosa!

Trabalhe ao ar livre

Sempre que possível, trabalhe ao ar livre: leve o notebook para o jardim quando estiver participando de uma reunião on-line ou faça uma reunião de equipe ao ar livre, caminhando e conversando em um parque próximo. Se o tempo permite, acho que fazer minha atividade de coach com alguém ao ar livre pode impulsionar nosso pensamento e criatividade compartilhados.

Ainda mais gratificante do que levar seu escritório para fora é encontrar uma carreira que realmente envolva trabalhar ao ar livre. Além disso, tente caminhar ou andar de bicicleta em vez de dirigir ou usar transporte público sempre que o trajeto for curto.

Faça coisas ao ar livre

Para alguns, é natural passar o tempo ocioso praticando atividades ao ar livre, mas, para outros, pode parecer uma tarefa árdua. Se você pertence ao último grupo, redobre seus esforços para organizar passeios à praia ou a bosques próximos, fazer caminhadas diárias pela manhã ou à noite e almoçar no seu jardim ou fora do escritório.

Saia quando estiver chateado

Quando estiver chateado e com raiva, no trabalho ou em casa, pare o que estiver fazendo e dê um passeio ou sente-se do lado de fora, mesmo que apenas por alguns minutos. Permita-se fazer uma pausa, fechar os olhos e respirar, ficando lá até se acalmar e recuperar a compostura.

Saia ao ar livre, sem tecnologia

Quando estiver ao ar livre, mesmo que seja por uma hora de almoço, deixe seu telefone ou tablet na mesa. Sei que é difícil, mas permita-se ficar desligado das suas mensagens e das redes sociais e, em vez disso, simplesmente aproveite o momento.

94

CORRA ATRÁS DE SEUS SONHOS COM CAUTELA

| *Prepare-se para enfrentar as consequências do fracasso.*

Em diferentes momentos da vida, nos encontramos em uma encruzilhada de decisões: seguimos o caminho seguro e bem trilhado ou tomamos aquele desconhecido e arriscado, mas que melhor se alinha com nossos sonhos e paixões? O primeiro oferece segurança e conforto, enquanto o último significa perseguir seus sonhos.

Esta dica se baseia na importância de saber pelo que você é apaixonado (veja a dica nº 23), bem como nunca se contentar com opções de segunda classe (veja a dica nº 48), explorando como perseguir suas paixões quando há um risco muito real de falhar.

Você pode se preocupar com:
• Fracassar em seu desejo de iniciar seu próprio negócio, tendo abandonado uma carreira de sucesso;
• Enfrentar dificuldades em um novo emprego dos sonhos, depois de deixar um emprego seguro;
• Achar impossível manter os pagamentos do financiamento de sua casa dos sonhos, depois de ter feito um upgrade de uma casa muito mais barata e menor.

Seria muito simplista dizer que você deve simplesmente seguir seus sonhos e, se falhar, aprender com o que deu errado e tentar novamente. Conheci inúmeras pessoas que desistiram de muita coisa para perseguir sonhos e acabaram falhando e não sendo capazes de viver com as consequências — ficaram arrasadas ou clinicamente deprimidas, divorciando-se e, em um caso, tirando a própria vida.

Meu conselho é duplo:
- Sempre saiba que é melhor lutar e falhar ao perseguir suas paixões e sonhos do que ter sucesso em algo que não faz seu coração bater mais rápido, MAS...
- Corra atrás dessas paixões e desses sonhos apenas quando souber que pode sobreviver às consequências do fracasso — que não será mentalmente destruído nem prejudicado pela perda de suas economias, reputação, propriedade, relacionamentos ou outras partes importantes de sua vida.

> Seja capaz de viver com o risco e o custo do fracasso sempre que estiver perseguindo um sonho ou objetivo.

ENTRE EM AÇÃO

Certifique-se de poder viver com os aspectos negativos
Eu quero que você realize todos os seus sonhos. Quando se trata de sonhos menores, como completar uma lista de viagens, escrever um livro ou aprender a falar chinês, você pode persegui-los com segurança sem se preocupar muito com as consequências do fracasso. O pior que pode acontecer é perder um pouco de dinheiro ou sentir que desperdiçou tempo.

Com decisões e escolhas de vida importantes, você precisa garantir que pode viver com os impactos do fracasso e da perda das coisas das quais abriu mão e investiu. Assim, poderá garantir que "viverá para lutar outro dia".

Para ajudá-lo a tomar essas decisões que mudam a vida:
- Liste os possíveis efeitos se seus planos não saírem como desejado;
- Pense em como os impactos do fracasso seriam aceitáveis — pergunte a si mesmo se a perda de economias ou da renda seria suportável, ou se você ficaria bem em passar alguns meses procurando um novo emprego etc.;
- Converse com outras pessoas que também podem ser impactadas se seus planos não derem certo, para garantir que todos estejam alinhados com o que você decidir fazer;

- Procure conselhos de qualquer pessoa que possa ajudá-lo a avaliar os impactos das escolhas disponíveis;
- Finalmente, decida como você procederá — seja conforme o planejado, com ajustes (por exemplo, dando passos menores primeiro para ter desvantagens menores) ou postergando (por exemplo, até que você tenha duplicado suas economias). Deixar seu sonho de lado é a opção nuclear quando você conclui que as consequências de não ter sucesso serão demais para suportar.

Cuidado com o viés da superconfiança

Quando estamos pensando em correr atrás dos nossos sonhos, o entusiasmo e as esperanças podem nublar nosso julgamento. É importante não presumir que tudo ficará bem nem ignorar ou minimizar a probabilidade e o impacto de os planos não saírem como desejado.

CRIE, FAÇA E CONSERTE COISAS VOCÊ MESMO

| *Torne-se seu próprio faz-tudo.*

Buscar uma vida fácil e conveniente, terceirizando tarefas diárias, é a nova norma. Coisas que costumávamos fazer por nós mesmos, agora terceirizamos — desde pedir comida pronta até contratar alguém para consertar uma torneira vazando. Estamos cada vez mais deixando de lado as tarefas que costumavam ser parte integrante da nossa rotina diária.

Dado o quanto nossas vidas profissionais podem ser ocupadas, é compreensível que sejamos tentados a pagar outras pessoas para fazer as tarefas domésticas, deixando-nos com mais tempo para nos divertir e descansar. Mas essa cultura da conveniência está fazendo com que percamos a satisfação que vem de fazer ou consertar algo com as próprias mãos — aquela sensação de realização e autossuficiência que vem de comer a comida que você mesmo preparou, admirar o jardim de que você cuidou ou desfrutar de um banheiro que você reformou no seu tempo livre.

Além disso, ao depender repetidamente dos outros, você perderá (ou nunca ganhará) algumas habilidades úteis, como cozinhar, jardinar, pintar ou fazer trabalhos básicos de encanamento. Você corre o risco de se tornar dependente dos demais e deixar de ter controle sobre aquilo que está ao seu redor.

É hora de arregaçar as mangas e sujar as mãos!

> Fazer as coisas você mesmo economiza dinheiro, ensina novas habilidades e é muito satisfatório.

ENTRE EM AÇÃO

Faça você mesmo
Desafie-se a ser mais prático e autossuficiente, não terceirizando tudo o tempo todo. Você economizará dinheiro, aumentará suas habilidades e sua autoconfiança, e apreciará a vida de maneira diferente quando usar as próprias mãos. É bom começar pequeno, por exemplo:
- Pare antes de pedir outra refeição pronta e considere fazer seu próprio prato de massa ou *curry* hoje à noite;
- Faça com que seu jardineiro venha com menos frequência, permitindo que você ocasionalmente corte a grama, pode as árvores ou capine os canteiros de flores;
- Troque a arruela de uma torneira vazando, pinte sua sala de estar ou limpe as janelas em vez de chamar os especialistas.

Faça cursos
Passe tempo aprendendo novas habilidades — talvez um curso on-line de manutenção residencial, um workshop de jardinagem de fim de semana ou uma aula noturna de carpintaria.

Curta o prazer de ser autossuficiente
Abrace os sentimentos de satisfação que virão de fazer coisas e resolver problemas você mesmo — desde obter os ingredientes ou as ferramentas, ler instruções e pedir conselhos até realmente concluir as tarefas. Você se sentirá orgulhoso de poder confiar em si mesmo, em vez de sempre ter que pagar outros para fazer tudo.

TENHA CAUTELA DIANTE DA CRISE CLIMÁTICA

| *Faça sua parte para combater a emergência.*

É compreensível sentir-se impotente e desesperado ao pensar na escala da crise climática. É difícil sentir o contrário quando vivenciamos eventos climáticos cada vez mais extremos, e os cientistas nos alertam que há muito pior por vir.

Dito isso, não devemos nos deixar ficar tão desanimados e impotentes a ponto de desistir e não fazer nada além de ficar mais irritados. Sim, é bom dizer ao mundo o quanto você está irritado, mas o ideal é canalizar essa raiva para saídas positivas e proativas, e ter uma mentalidade de querer fazer a diferença.

Ao se concentrar no que pode fazer pessoalmente, como indivíduo, você ajuda a compensar seu desespero, tomando medidas concretas de reparação e preservação, como pressionar por mudanças na legislação ou ainda adotar mudanças de estilo de vida que reduzem sua pegada de carbono.

Nunca descarte suas ações como muito pequenas ou locais — lembre-se de que, ao longo da história, algumas das maiores conquistas da humanidade aconteceram apenas através das ações combinadas de indivíduos como você e eu fazendo nossa parte.

> Faça o que puder agora para ajudar,
> não importa o quão pequeno seja.

ENTRE EM AÇÃO

Saiba que suas ações fazem a diferença
Saia do hábito de justificar suas escolhas pensando que você é apenas uma pessoa e dizendo coisas como: "De que importa se eu usar um canudo de plástico? É só um!" ou "Que diferença fará para o mundo se eu parar de comer carne?" Entenda que cada uma de nossas escolhas individuais soma um todo muito grande — que, quando milhões de nós param de usar canudos de plástico ou de comer carne, o impacto global será profundo.

Ignore o que os outros pensam
Imagine que você reduza sua pegada de carbono deixando de viajar de avião, tornando-se vegano, comprando principalmente produtos de segunda mão, instalando uma bomba de calor ou comprando um carro elétrico. Dada a natureza humana, alguns ao seu redor serão sarcásticos ou críticos em relação às suas escolhas. Farão comentários como "Bombas de calor são um desperdício de dinheiro", "Seu carro elétrico vai deixá-lo na mão com a bateria descarregada" ou "Veganismo é apenas uma moda e você terá dificuldade em encontrar alimentos legais para comer". Bem, simplesmente ignore-os!
    Sempre que alguém dá um passo à frente e faz algo diferente, é típico ver outras pessoas reagirem dessa maneira, e não há nada que você possa fazer para mudar isso. Simplesmente ignore tudo o que eles dizem e permaneça focado em fazer o que você acha que é certo.

Aceite o que você não pode mudar
Aprenda a aceitar as mudanças que já aconteceram e que ninguém na Terra pode alterar ou reverter. Por exemplo, estamos nos aproximando do planeta atingindo 1,5°C acima das médias da era pré-industrial, mas nenhuma quantidade de manifestações, *lobby* e mudanças de estilo de vida pode impedir que isso aconteça. Fique bem com essa realidade, sabendo que tudo o que você pode fazer é se concentrar em reduzir as chances de aumentos adicionais de temperatura e ajudar o número crescente de pessoas que serão afetadas negativamente em nosso mundo em aquecimento.

COLECIONE MOMENTOS, NÃO OBJETOS

> *Saiba que o prazer das coisas diminuirá rapidamente, mas as memórias durarão.*

É fácil se concentrar em aumentar riquezas materiais. Cercados por campanhas publicitárias implacáveis, é tentador mudar nossos guarda-roupas toda hora, ter o último smartphone ou a TV mais moderna, atualizar nosso carro ou investir em um novo sofá. Sentir inveja do que os outros possuem (um tópico explorado na dica n° 22) não ajuda, pois muitas vezes nos obriga a comprar coisas apenas para acompanhar os demais.

A boa notícia é que adquirir bens materiais não é tão gratificante e significativo quanto imaginamos e, no máximo, nos traz felicidade de curto prazo. Basta observar a rapidez com que as crianças perdem o interesse em seus últimos brinquedos para perceber como o prazer em nossas posses é transitório. A verdadeira realização vem das coisas que experimentamos e que nos deixam lembranças e impressões duradouras — seja em viagens e aventuras, aprendendo a cozinhar ou pintar, em experiências culturais ou passando tempo com outras pessoas. São essas experiências que têm o poder de energizar e enriquecer nossas vidas e ampliar nossos horizontes e perspectivas de maneiras que os bens materiais nunca poderão fazer. É através delas que você abrirá sua vida para níveis mais profundos de felicidade e realização.

Buscar experiências em vez de bens materiais traz mais realização e alegria.

ENTRE EM AÇÃO

Na dúvida, escolha experiências em vez de coisas
Quando estiver pensando no que pedir no Natal ou no seu aniversário, sempre sugira experiências — peça algo que você nunca fez antes ou algo de que realmente gostou e quer experimentar novamente (talvez com seus entes queridos).

Adote uma abordagem semelhante quando estiver pensando em gastar dinheiro consigo mesmo ou com outras pessoas. Antes de se sentir tentado a comprar outra posse, pergunte-se se realmente precisa daquele novo casaco, carro, daquela TV ou daquele perfume. Em vez disso, concentre sua atenção em selecionar uma experiência emocionante e nova que possa dar a si mesmo e/ou a seus entes queridos como um presente.

Quando estiver passeando pelas lojas ou navegando em lojas on-line, evite fazer compras impulsivas apenas para alegrar seu dia. Em vez disso, vá ao teatro, ao cinema, à praia ou ao museu por algumas horas — você se sentirá muito melhor e terá novas lembranças para levar para casa.

Documente suas experiências
Encontre uma maneira de coletar suas memórias para poder revisitá-las — reviver os sentimentos agradáveis e positivos que teve enquanto remava no mar, visitava um parque temático, assistia a uma exposição de arte ou aprendia a esquiar.

A maneira mais fácil de revisitar nossas experiências é com fotos e vídeos — algo que fazemos o tempo todo. Apenas tome cuidado ao compartilhá-los com seus amigos e colegas, para evitar ser visto como um exibido.

FOQUE NO QUE IMPORTA

| *Não se estresse com o que será esquecido em um mês ou um ano.*

Levamos a vida muito a sério. No meu trabalho de coaching, percebo que muitos dos meus clientes permitem que seus desafios diários os consumam — seja uma determinação obsessiva de vencer ou ficar envolvido pela ansiedade e pelo estresse ao lidar com um problema após o outro.

Todos nós já passamos por isso, consumidos pela necessidade de alcançar resultados específicos, concluir algo ou superar um problema o mais rápido possível. Hoje, esses problemas e desafios podem parecer as coisas mais importantes do mundo, mas, no grande esquema das coisas, nos lembraremos muito pouco deles daqui a um mês, um ano ou uma década.

Quase tudo é transitório e impermanente, e reconhecer essa verdade pode ser catártico. Afastando-se das minúcias da sua vida diária, você perceberá como seus problemas são passageiros e como eles desaparecem rapidamente com o tempo. Com essa nova perspectiva, você pode se acalmar e ficar menos obcecado com o que alcança e, em vez disso, concentrar-se em decidir como melhor gastar seu tempo e sua energia.

> Se não vai importar daqui a um ano,
> por que deixar que importe hoje?

ENTRE EM AÇÃO

Faça o teste: "Isso vai importar no futuro?"
Toda vez que se encontrar consumido por um problema — seja positivo ou negativo —, pare para pensar em quanto da sua atenção e preocupação

você realmente precisa investir nele. Pergunte a si mesmo se, daqui a alguns anos, você ou qualquer outra pessoa se lembrará ou se importará que, hoje, você...
- Desistiu de suas noites para se tornar membro ativo e eleito chefe de uma sociedade local;
- Sacrificou o tempo com a família para impressionar seu chefe a fim de ganhar uma promoção;
- Ficou estressado e doente tentando dominar uma nova habilidade ou atividade;
- Trabalhou no fim de semana para resolver um problema e perdeu a primeira apresentação de dança de sua filha.

Normalmente, a resposta será "não", e isso deve ser seu sinal para parar de colocar tanta pressão em si mesmo. Esteja menos disposto a se esgotar e a desistir do que realmente importa, como o tempo com a família, apenas para alcançar algo hoje que pode ser esquecido no próximo mês.

Saiba que nem tudo é passageiro
Existem exceções à regra de que tudo é temporário e será esquecido em alguns anos. Aprenda a identificar essas exceções, e saiba que está tudo bem se consumir ao lidar com elas. Os exemplos geralmente estão atrelados aos seus relacionamentos e ao seu bem-estar, como quando alguém próximo a você está muito doente ou morrendo, seu casamento está com dificuldades ou sua reputação corre o risco de ser prejudicada.

SUA HISTÓRIA NUNCA ACABA

> *Nunca use a idade como desculpa para parar de buscar novas experiências.*

Até seu último suspiro, você tem o potencial de moldar e definir sua vida. É a sua história, e é importante nunca desistir de escrever novos capítulos. Não permita que seus pensamentos e crenças, ou os dos outros, digam o contrário.

À medida que envelhecemos, muitos de nós paramos de moldar o fluxo da própria vida, mesmo quando temos muitos anos de vida ativa pela frente. Podemos sentir que não somos mais capazes de alcançar e criar, talvez por causa da percepção da sociedade de que, uma vez que atingimos certa idade, nosso destino está predeterminado e não mais em nossas mãos.

Esse pensamento derrotista está errado e é prejudicial. Ao desistir de moldar nossa vida, provavelmente envelheceremos mais rápido e morreremos mais cedo. É apenas através da criação de nossas próprias aventuras e da abertura de novos caminhos que permanecemos energizados e verdadeiramente vivos. Ao reconhecer que nossas histórias só terminam no dia em que morremos, percebemos que a idade é apenas um número, e que as percepções da sociedade estão simplesmente erradas.

Não importa sua idade ou situação, continue trabalhando em sua história, buscando quaisquer experiências, significados e propósitos que precise para tornar a jornada de sua vida o mais gratificante possível.

> Se você ainda está respirando, então ainda há tempo para perseguir seus sonhos.

ENTRE EM AÇÃO

Rompa com os estereótipos
Desafie seu pensamento preconcebido sobre envelhecer e o que as pessoas devem ou não fazer nas últimas etapas da vida. Afaste-se da crença comum de que ser jovem é melhor e que energia jovem e ambição são as melhores. Reserve um momento para observar as pessoas mais velhas ao seu redor, absorva o que elas estão fazendo e alcançando e comece a apreciá-las como simplesmente versões um pouco mais velhas de quem você é hoje.

Mantenha sua lista de desejos atualizada
A partir de agora, não importa sua idade, adquira o hábito de explorar novas paixões e atividades. Experimentar coisas novas, esperançosamente, trará alegria, significado e realização. À medida que cada ano passa e você fica mais velho, permita que seus sonhos e objetivos se tornem cada vez mais audaciosos, e sempre ignore o que a sociedade pensa que alguém da sua idade deveria ter em sua lista de desejos! Releia a dica nº 90 para se lembrar dos benefícios de fazer coisas malucas.

100

DANE-SE O CONSELHO DAS OUTRAS PESSOAS

Receba toda dica com um pouco de ceticismo, mesmo a minha!

Passamos a vida inteira recebendo conselhos bem-intencionados — com dicas de todas as fontes, incluindo família, amigos, colegas, *feeds* de mídia social e, por que não, coaches como eu. Ocasionalmente, as sugestões são oportunas e úteis para a nossa rotina, mas muitas vezes não são — seja porque não serão úteis para você neste momento preciso ou em nenhum outro.

Muita sabedoria de autoajuda é genérica e convencional, e não é adaptada às circunstâncias individuais. A melhor opção é sempre tratar os conselhos de outras pessoas com uma boa dose de cautela — levando em consideração alguns pontos que acha que podem funcionar para você, enquanto descarta a maioria do que os outros querem que você acredite.

Assim como precisa encontrar seu próprio caminho em sua vida, você também precisa desenvolver seu próprio manual de autoajuda baseado no que funciona especificamente para você, dada sua combinação única de experiências, antecedentes, personalidade, objetivos e desafios.

> Você é o melhor juiz, então não permita que outros ditem como sua vida deve ser e parecer.

ENTRE EM AÇÃO

Desenvolva seu próprio guia de autoajuda
Criar sua própria lista de "maneiras de vencer" é uma jornada de experimentação através de repetidos ensaios e erros. Para começar, volte às outras 99 dicas deste livro e anote quais conselhos parecem úteis e proveitosos. Se não tiver certeza, adicione-os à sua lista mesmo assim, só para garantir (você pode revisá-los mais tarde). Complete sua lista adicionando quaisquer outras dicas e sugestões de autoajuda que já tenha experimentado e achado úteis.

Na sua lista, haverá dicas que são claramente muito importantes para você e devem ser implementadas agora. Experimente as dicas restantes para descobrir se vão ajudar.

Por meio desse processo de tentativa e erro, você começará a aprender quais conselhos funcionam. Quando algo não funcionar, remova-o da sua lista. Muito rapidamente, você terá um guia de autoajuda individualizado de "maneiras de vencer" que funciona para você.

E FINALMENTE...

Agora vá em frente e transforme o resto da sua vida em uma história incrível!

Espero sinceramente que os cem modos de vencer abordados neste livro sejam sua plataforma de lançamento para criar uma vida extraordinária e gratificante.

Além disso, eu adoraria manter contato com você e saber como este livro o motivou em direção ao sucesso. Sinta-se à vontade para entrar em contato comigo no LinkedIn ou me enviar um e-mail — nigelcumberland@gmail.com.

Primeira edição (abril/2025)
Papel de miolo Ivory Bulk 58g
Tipografias New Aster LT Std, Nexa Light e Chaparral Pro
Gráfica Santa Marta